职业教育1+X证书制度试点学校推荐用书

1+X Web 前端开发中级证参考用书

PHP程序设计与
微信小程序案例教程

谭丽君○编著

周利黔　刘　艺○主审

西南交通大学出版社

·成　都·

图书在版编目（ＣＩＰ）数据

PHP 程序设计与微信小程序案例教程 / 谭丽君编著
. 一成都：西南交通大学出版社，2021.6
ISBN 978-7-5643-8051-9

Ⅰ. ①P… Ⅱ. ①谭… Ⅲ. ①PHP 语言 – 程序设计 – 教
材②移动终端 – 应用程序 – 程序设计 – 教材 Ⅳ.
①TP312.8②TN929.53

中国版本图书馆 CIP 数据核字（2021）第 107641 号

PHP Chengxu Sheji yu Weixin Xiaochengxu Anli Jiaocheng
PHP 程序设计与微信小程序案例教程

谭丽君　编著

责任编辑	李华宇
封面设计	何东琳设计工作室

出版发行	西南交通大学出版社
	（四川省成都市金牛区二环路北一段 111 号
	西南交通大学创新大厦 21 楼）
邮政编码	610031
发行部电话	028-87600564　　　028-87600533
网址	http://www.xnjdcbs.com
印刷	成都蓉军广告印务有限责任公司

成品尺寸	185 mm×260 mm
印张	14.25
字数	303 千
版次	2021 年 6 月第 1 版
印次	2021 年 6 月第 1 次
书号	ISBN 978-7-5643-8051-9
定价	45.00 元

课件咨询电话：028-81435775

贵阳职业技术学院教材建设委员会

前　言

移动互联网技术的飞速发展使得微信小程序越来越受欢迎，其应用场景也越来越广泛，尤其是在餐饮、电商、旅游、房产等行业，越来越多的企业和商家愈发看重微信电商平台的开发，因而市场急需微信小程序开发高技能人才。本书通过点餐微信小程序实战项目帮助读者快速掌握微信小程序开发技术。

本书以人才培养为目标，以立德树人、培养学生的创新能力与实践能力为宗旨。本书围绕点餐小程序项目开发来编写，按照微信小程序的开发流程——需求分析、前端实现、服务端后台接口开发、小程序发布，"手把手"教读者如何快速完成微信小程序开发，通过真实的项目开发案例，让学生用最短的时间学会微信小程序开发最核心的内容。

本书具有以下特点：

1. 遵循"以做项目为目的，以必需、够用为度"的原则

本教材围绕贵州特色美食"点餐微信小程序"项目编写，让零基础读者掌握微信小程序前端和后端必备的知识技能和项目操作技巧。

2. 使用 ThinkPHP 6.0 框架开发小程序后端，降低开发难度

ThinkPHP 是一个快速、简单、免费开源的、面向对象的 PHP 开发框架，使用 ThinkPHP 开发项目，就像搭积木一样，非常方便，这样便可以降低开发难度，提高开发效率。

3. 知识点讲解简洁易懂

本书尽量避免使用深奥的专业术语，而是采用简洁易懂的表达方式，将复杂的问题简单化，多用表格、图解、思维导图框架分析的方式将抽象问题形象化，以便读者能又快又好地学懂弄懂、轻松上手，并能实践操作。

4. 使用框架分析法讲解代码

本书在讲解案例时，不是直接讲代码，而是用框架分析法将复杂的代码进行分解

和形象化。

5. 丰富的数字教学资源

本书包含配套的微课、课件、素材、代码等学习资源，读者可通过扫描二维码获取，方便读者随时学习。

全书共 7 章，第 1、2 章主要讲解微信小程序的入门知识和小程序前端开发基础知识，第 3 章主要讲解点餐小程序项目需求分析，第 4 章主要讲解点餐小程序前端开发实战，第 5 章介绍点餐小程序后台接口知识准备，第 6 章讲解小程序服务端后台接口开发实战，使用 ThinkPHP 6.0（最新版本）框架开发小程序后端，第 7 章介绍微信小程序的发布。本书适合作为高等职业院校计算机相关专业的教材，也可作为微信小程序开发爱好者的参考书。

本书由贵阳职业技术学院谭丽君编著，贵阳职业技术学院周利黔、刘艺主审。由于作者水平有限，书中难免会有不妥之处，欢迎各界专家和读者朋友们来信给予宝贵意见，我们将不胜感激。作者邮箱：308363647@qq.com。

编　者

2021 年 6 月

数字资源索引

目 录

第1章 微信小程序入门

微信小程序于 2017 年正式上线后，得到了飞速发展，应用非常广，尤其是在餐饮、旅游、房产等行业，越来越多的企业、商家愈发看重微信电商平台的开发。本章将详细介绍微信小程序的基本概念、开发流程、注册账号及微信开发者工具等内容。

微信小程序入门

【学习目标】

（1）了解微信小程序的概念；

（2）了解微信小程序开发流程；

（3）会注册微信小程序账号；

（4）会安装微信开发者工具；

（5）会简单使用微信开发者工具。

1.1 什么是微信小程序

微信小程序（Wechat Mini Program），是一种不需要下载安装即可使用的应用，用户使用微信"扫一扫"或"搜一搜"即可打开应用。即用即走的优点，使得微信小程序取代了许多 App（应用程序）。

微信小程序应用的领域非常多，包括教育、媒体、交通、房地产、生活服务、旅游、电商、餐饮、民政民生、科技等多个领域。微信小程序以快捷、低成本、微信庞大的用户量优势，为电商行业实现了更多的盈利，为消费者带来了更好的服务。微信小程序背后蕴藏着巨大的流量红利。因此，越来越多的企业和商家都开发了属于自己的小程序。

1.2 微信小程序开发流程

1. 微信小程序运行流程

先要理解微信小程序运行流程，才能理解微信小程序开发流程。微信小程序运行流程如图 1-1 所示。

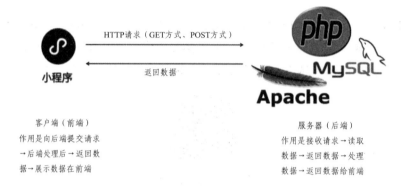

图 1-1 微信小程序运行流程

2. 微信小程序开发流程

微信小程序开发流程如图 1-2 所示。所有的工作流程将会在后面章节中详细介绍。

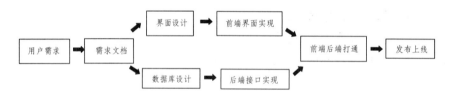

图 1-2 微信小程序开发流程

1.3 注册微信小程序账号

开发微信小程序之前要注册微信小程序账号。如果未注册，只能在本地的开发者工具中运行，不能在微信上使用。

1. 注册微信小程序账号的操作步骤

（1）打开微信公众平台官网。

打开浏览器，输入网址 https://mp.weixin.qq.com，打开微信公众平台官网。在微信公众平台官网首页的右上角点击"立即注册"按钮，如图 1-3 所示。

图 1-3 微信公众平台官网[①]

（2）选择注册的账号类型。

选择"小程序"，如图 1-4 所示。

图 1-4 选择注册的账号类型

（3）依次完成账号信息、邮箱激活、信息登记。

操作步骤：填写邮箱和密码→激活邮箱→登录邮箱→查收激活邮件→点击激活链接→填写信息→选择主体类型选择→完善主体信息和管理员信息，如图 1-5 所示。

小程序注册

①帐号信息　　②邮箱激活　　③信息登记

图 1-5 依次完成账号信息、邮箱激活、信息登记

2. 查询小程序 ID 和密钥

小程序 ID 即小程序的身份标识号，AppSecret 即小程序的密钥。在创建小程序时，

---

① "帐号"的正确写法为"账号"。

需要输入小程序 ID。查找小程序 ID 和 AppSecret 的操作步骤如下：

（1）登录微信公众平台官网。

打开浏览器，输入网址 https://mp.weixin.qq.com，打开微信公众平台官网，输入刚才注册的账号和密码，单击"登录"，再用微信"扫一扫"登录。进入微信小程序的管理后台，如图 1-6 所示。

图 1-6　微信小程序的管理后台

（2）在左侧菜单中单击"开发"，单击"开发设置"，将会显示小程序 ID 和 AppSecret，如图 1-7 所示。

图 1-7　开发设置（AppID、AppSecret）

1.4　下载安装微信开发者工具

微信开发者工具是微信小程序专用开发集成环境。在微信开发者工具中可编辑和修改代码，查看代码运行的结果，也可调试和上传代码。

下载安装微信开发者工具的操作步骤如下：

（1）打开浏览器，输入网址 https://mp.weixin.qq.com，打开微信公众平台网站，单击"小程序开发文档"，如图 1-8 所示。

帐号分类

服务号
给企业和组织提供更强大的业务服务与用户管理能力，帮助企业快速实现全新的公众号服务平台。

订阅号
为媒体和个人提供一种新的信息传播方式，构建与读者之间更好的沟通与管理模式。

查看详情

设计 | 运营 | 社区

小程序开发文档 | 小游戏开发文档

图 1-8　单击小程序开发文档

（2）在小程序开发文档中找到下载地址。

在小程序开发文档中单击"工具"→单击"下载"→单击"稳定版更新日志"→单击适合自己计算机操作系统的版本进行下载，如图 1-9 所示。

图 1-9　下载微信开发者工具

下载完成后，双击安装文件，按照操作步骤进行安装。

1.5　新建和导入项目

1. 新建项目

双击微信开发者工具快捷图标，首次打开微信开发者工具时，需要用手机微信"扫一扫"确认登录，然后弹出小程序管理列表页，如图 1-10 所示。

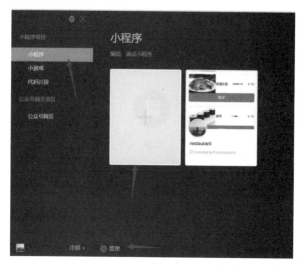

图 1-10　小程序管理列表页

点击"管理"，可以删除以前的项目。使用这个工具可以进行小程序、小游戏、公众号网页、代码片段开发。在这里我们选择小程序，单击+号，创建新项目。

接着，单击"新建项目"→单击"目录"（提前创建一个空目录）→粘贴 AppID（打开微信公众平台网址，登录平台，在开发设置中找到 AppID）→开发模式默认选择"小程序"→单击"不使用云服务"→单击"新建"，将会创建一个微信小程序，如图 1-11所示。

图 1-11　新建项目

2. 导入项目

如果已经有小程序项目，可以直接导入项目。如图 2-16 所示，单击"导入项目"，单击目录下拉箭头，选择项目所在的文件夹，复制粘贴 AppID（打开微信公众平台网址，登录平台，在开发设置中会显示 AppID），单击"导入"，如图 1-12 所示。

图 1-12　导入项目

1.6　微信开发者工具的使用

1. 微信开发者工具界面

微信开发者工具的主界面包括以下 5 个部分，如图 1-13 所示。

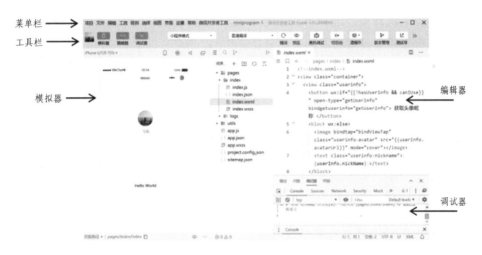

图 1-13　开发工具主界面

（1）菜单栏：

项目：用于新建项目、关闭项目、导入项目和查看所有项目。

文件：用于新建、保存、关闭文件。

编辑：用于查找、替换、编辑及格式化代码。

工具：用于访问一些辅助工具。

界面：用于显示和隐藏开发者界面的各个窗口。

设置：用于设置外观、快捷键、编辑器等。

微信开发者工具：用于切换账号、更换开发模式、调试等操作。

（2）工具栏：

个人中心：左侧第一个按钮，显示当前登录用户的头像和用户名。

模拟器、编辑器和调试器按钮：用于切换显示或隐藏对应的工具。

编译下拉菜单：默认为普通编译。可以添加其他编译模式。

编译：编写小程序代码后，要单击"编译"按钮，或者按下 Ctrl+S 快捷键，才能在模拟器看到显示效果，在调试器中进行调试。

预览：单击该按钮，会生成一个二维码，用手机微信"扫一扫"，可在手机微信中预览小程序的实际运行效果。

真机调试：通过网络连接对手机上运行的小程序进行调试，可以在手机上更好地定位和查找出现的问题。

切后台：模拟在手机中小程序切换后台的效果。

清缓存：清除数据缓存或文件缓存。

上传：当小程序代码调试成功后，单击"上传"按钮，可以将代码上传到小程序管理后台，作为体验版本。

（3）模拟器：

可以模拟手机环境，选择不同型号手机查看运行效果；可以选择缩放比例；在模拟器的底部状态栏会显示当前的页面路径。

（4）编辑器：

编辑器包括左右两部分。左侧用于浏览项目目录结构，单击某个文件，在右侧可对这个文件进行编写代码。

（5）调试器：对小程序序进行调试。

Console："控制台"面板，用于输出代码中 console.log() 的调试信息，也可以直接编写代码执行。

Sources："源代码"面板，可以查看或编辑源代码，并支持代码调试。

WXML：WXML 面板，查看和调试 WXML 和 WXSS。

2．常用操作

（1）搜索：打开一个代码文件，按下快捷键 Ctrl+F，弹出搜索框，输入需要查找的内容。搜索结果会以特殊颜色标识出来，如图 1-14 所示。

（2）撤销：可以用 Ctrl+Z 键撤销最近的操作。

（3）格式化代码：对代码的格式进行调整，查看代码更直观。快捷键是 Alt+Shift+F。

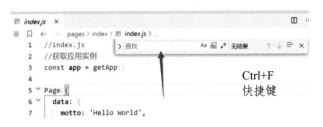

图 1-14　查找

（4）替换：在搜索框中单击查找框左边箭头，会显示替换框，在替换框中输入替换的内容进行替换，如图 1-15 所示。

图 1-15　替换

（5）清除缓存如图 1-16 所示。

启动小程序时，会保存一些登录信息，如果后面需要重新修改这些登录信息并进行调试，此时便需要清除缓存。

图 1-16　清除缓存

（6）小程序的调试方法：

Console：编写完代码后单击工具栏中的"编译"，或者按 Ctrl+S 键，在调试区的 Console 中可以看到打印输出的信息，如图 1-17 所示。

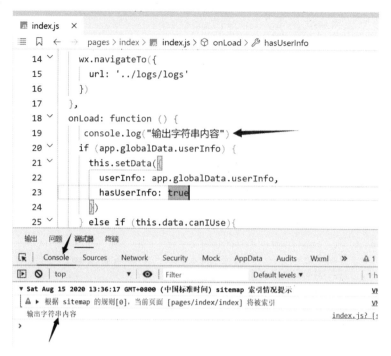

图 1-17　Console 调试窗口

预览：单击该按钮，会生成一个二维码，用手机微信"扫一扫"，可以预览小程序的实际运行效果。

真机调试：通过网络连接对手机上运行的小程序进行调试，可以在手机上更好地定位和查找出现的问题。

（7）小程序开发者文档：

开发者文档是微信小程序的开发教程，可以学习微信小程序的开发知识，帮助开发人员迅速进入开发环节。

打开小程序开发者文档的操作步骤如图 1-18 所示。

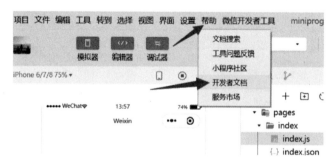

图 1-18　在微信开发者工具中单击"开发者文档"

【本章小结】

本章主要讲解了微信小程序的基本概念、微信小程序开发流程、注册微信小程序账号的操作步骤，以及如何安装和使用微信开发者工具。

【习题】

1. 简述什么是微信小程序。
2. 简述微信小程序开发流程。
3. 尝试注册微信小程序账号。
4. 安装微信开发者工具。
5. 新建和导入一个微信小程序。

第 2 章　微信小程序前端开发知识准备

　　开发微信小程序之前先要掌握前端开发的基础知识，主要包括 WXML、WXSS、JS 三部分内容。为了使初学者快速入门，本章将结合"景区名片"和"比较成绩"两个案例进行讲解。

【学习目标】

　　（1）了解微信小程序代码框架；
　　（2）了解微信小程序 JSON 文件；
　　（3）熟悉微信小程序常用组件、数据绑定、事件处理函数、列表渲染；
　　（4）了解微信小程序页面样式；
　　（5）掌握微信小程序 JS 中的数据处理及使用 API 实现网络请求。

2.1　微信小程序代码框架

微信小程序代码框架介绍

1. 微信小程序与网站前端网页的相同点与区别

　　微信小程序实质上是一款基于 Web 技术的应用程序，微信小程序前端与网站网页前端很相似，但有区别，见表 2-1。

表 2-1　微信小程序前端与网站网页前端的相同点与区别

特点	微信小程序	网站网页
相同点	使用的开发语言代码的结构和运行机制是相同的	
不同点	运行在微信中	运行在浏览器中
	微信小程序与微信紧密相融，能方便获取用户的身份、位置信息及手机存储	
	前端开发语言：WXML、JS、WXSS	前端开发语言：HTML、JS、CSS

2. 微信小程序前端的开发技术

WXML、WXSS、JS 三种开发语言组合使用，见表 2-2。

3. 微信小程序的文件类型

在一个小程序中必须有以下四种类型的文件，分别是 JSON、WXML、WXSS、JS，见表 2-3。

表 2-2　微信小程序前端的开发技术

小程序前端开发语言	作用
WXML	用组件元素构成页面的结构
WXSS	给每个页面元素加上样式，包括大小、颜色、位置、形状等
JS	给组件添加动态效果和交互式页面，例如鼠标点击的响应、展示数据

表 2-3　微信小程序的文件类型

小程序的文件类型	文件功能
JSON	配置项目或者页面的一些属性
WXML	描述页面的结构，其代码类似 HTML 语言
WXSS	页面的样式，也称为样式文件，代码类似 CSS
JS	处理页面动态效果和交互

以上是小程序必须有的四种类型文件。除此之外，还可以在小程序中添加图片文件，图片文件格式包括 PNG、JPG。

4. 小程序的目录结构

在第 1 章新建的微信小程序，其目录结构如图 2-1 所示。

图 2-1　微信小程序的目录结构

微信小程序的目录结构主要包括以下几部分，见表2-4。

表 2-4　微信小程序的目录结构

目录结构			文件的说明
pages 文件夹（存放页面文件的目录）	index 文件夹（存放index 页面的目录）	index.js	index 页面的逻辑文件
		index.json	index 页面的配置文件
		index.wxml	index 页面的结构文件
		index.wxss	index 页面的样式文件
	logs 文件夹（存放 logs 页面的目录）	logs.js	logs 页面的逻辑文件
		logs.json	logs 页面的配置文件
		logs.wxml	logs 页面的结构文件
		logs.wxss	logs 页面的样式文件
utils 文件夹			存放公共的 js 代码
app.js			应用程序的全局逻辑文件
app.json			应用程序的全局配置文件
app.wxss			应用程序的全局公共样式文件
project.config.json			通常不需要改动，项目配置文件
sitemap.json			通常不需要改动，微信搜索收录小程序页面

在表 2-4 中，小程序有两个页面，分别是 page/index（首页）和 pages/logs（登录日志页）首页中单击"获取头像昵称"按钮，获取后会显示当前登录用户的微信头像，单击头像即可进入登录日志页，查看用户登录的历史记录。

在微信小程序中，每个页面由 wxml、wxss、js 和 json 文件组成，其中 wxml 和 wxss 文件类似于网页开发中的 html 和 css 文件，但是它们有所区别，具体会在后面章节进行讲解。

2.2　微信小程序 JSON 文件

微信小程序 JSON 文件

JSON 是一种数据格式，不是编程语言。JSON 文件的语法格式如下：

```
{
"key":value,
......
"key":value
}
```

在一个大括号中，通过"key":value 键值对的方式来描述数据。key 必须放在一对双引号中。最后特别强调，JSON 文件中不能使用注释。

微信小程序提供了全局配置文件 app.json 和页面配置 json 文件。

1. 全局配置文件 app.json

在项目的根目录有一个 app.json，它是当前小程序的全局配置，包括小程序的所有页面路径、界面表现、网络超时时间、底部 tab 等。在第 1 章新建项目中 app.json 文件的代码见表 2-5。

2. 页面 json 文件

在第 1 章新建项目目录中，index.json 和 logs.json 文件就是页面 json 文件。在页面 json 文件中可以设置顶部导航栏的背景颜色和文字内容。

【示例 2-1】设置 index 页面的导航栏背景颜色为绿色，导航栏文字内容为"比较成绩"，导航栏文字颜色为白色，index.json 文件代码见表 2-6。

表 2-5 app.json 文件

app.json 文件代码	说明
```{ "pages":["pages/index/index", "pages/logs/logs"],```	pages 字段定义的是一个数组。 该数组中元素就是小程序每个页面的路径。 第 1 个元素为"pages/index/index"，第 2 个元素为"pages/logs/logs"。 如果想把某一页设置为首页，就必须把该页面的路径放在该数组的第一个位置
``` "window":{ "backgroundTextStyle":"light", "navigationBarBackgroundColor": "#fff", "navigationBarTitleText": "Weixin", "navigationBarTextStyle":"black" } }```	window 字段定义的是一个对象。包含 4 对 key:value。 第 1 对：设置小程序所有页面下拉样式； 第 2 对：设置小程序所有页面导航栏的背景颜色； 第 3 对：设置小程序所有页面导航栏文字内容； 第 4 对：设置小程序所有页面导航栏文字颜色

表 2-6 index.json 文件代码

index.json 文件代码	说明
```{ "navigationBarBackgroundColor": "#370", "navigationBarTitleText": "比较成绩", "navigationBarTextStyle": "white" }```	设置 index 页面导航栏背景颜色 设置 index 页面导航栏文字内容 设置 index 页面导航栏文字颜色

运行效果如图 2-2 所示。

图 2-2　运行效果

2.3　微信小程序 WXML

微信小程序代码 WXML

2.3.1　WXML 基本语法

WXML（WeiXin Markup Language）是从 HTML（超文本标签语言）衍生而来的一种在小程序前端页面使用的语言，WXML 仍然是标签语言，使用标记标签来描述页面的结构，页面内容写在标签内部，标签由一对尖括号包围关键词。

1. 标签

标签包括双标签和单标签两种。

双标签：成对出现的标签，有开始标签和结束标签，内容写在两个标签之间。

单标签：不成对出现的标签，只有一个标签，没有结束标签。

标签的格式见表 2-7。

表 2-7　标签分类

标签分类	标签格式	标签示例	标签名称
双标签	<关键词>内容</关键词>	\<view\> \</view\>	视图容器
单标签	<关键词/>	\<input / \>	输入框

16

注意：

（1）view 可以包裹其他组件，也可以放到一些组件的内部，类似 HTML 中的 div。

（2）<input/ >是单标签，功能是输入框，与 HTML 中的<input/ >输入框类似。

（3）在 wxml 文件中，单标签后面的"/"斜杠可以不写。因此，input 标签有以下两种语法格式：

格式 1：

<input / >

格式 2：

<input >

2. 标签属性

标签属性即对不同组件设置参数。

（1）标签属性的基本格式见表 2-8。

表 2-8　标签属性基本格式

标签分类	标签属性格式	示例
双标签	<标签 属性名称="属性值">内容</标签>	<view class="box"> </view>
单标签	<标签 属性名称="属性值"/>	<input class="weui-input" placeholder="输入成绩"/>

注：属性值要放在成对的单引号或者成对的双引号里。

（2）属性分为通用属性和专用属性两类，见表 2-9。

表 2-9　属性分类

标签属性分类	含义	属性举例
通用属性	大部分标签都有的属性	class、id、style 等
专用属性	不同标签有自己的独特属性	<input password="true"/> password 作用：输入框中输入内容以小圆点显示

3. 常用组件

WXML 中的组件有很多，这里先介绍 8 个常用组件，见表 2-10。

表 2-10　常用组件

组件类型	组件	类似 html 标签	功能	示例
视图容器	view	div	视图容器	<view class="containter"> </view>
基础组件	text	span	文本域	<text class="product">冰激凌</text>
表单组件	button	button	按钮	<button bindtap="tj">确定</button>
	input	input	输入框	<input placeholder="请输入成绩"/>
	form	form	表单	<form> </from>

17

组件类型	组件	类似 html 标签	功能	示例
表单组件	checkbox	checkbox	复选框	\<checkbox>\</checkbox>
	radio	radio	单选框	\<radio>\</radio>
媒体组件	image	img	图片	\<image src="/images/xs.jpg">\</image>

2.3.2 制作第一个小程序

【示例 2-2】制作第一个小程序。

（1）打开微信开发者工具，新建一个小项目。

（2）在项目目录中，双击打开 app.json 文件。在"pages"字段中添加一个页面路径"pages/test/test"，此时会自动生成 test 文件夹，并自动生成 test.js、test.json、test.wxml、test.wxss，4 个文件，代码如下：

```
"pages":[
    "pages/test/test",
    "pages/index/index",
    "pages/logs/logs"
],
```

（3）打开 test.wxml 文件，输入以下内容：

```
<view>第一个小程序</view>                     <!--view 是容器 -->
<view>Hello World</view>                      <!--view 是容器-->
<input placeholder="请输入姓名" />            <!-- input 是输入框-->
```

代码和运行效果如图 2-3 所示。

图 2-3　代码和运行效果

18

2.3.3 制作"景区名片"页面

贵州荔波小七孔景区名片，整个页面的最外面是一个大框，里面从上到下包括大标题、图片、小标题、段落。页面效果和框架结构如图 2-4 所示。

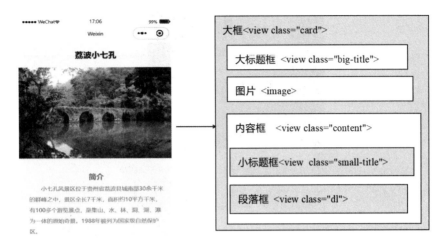

图 2-4 "景区名片"页面效果和框架

【示例 2-3】制作"景区名片"页面。

（1）打开微信开发者工具，新建项目，找到 app.json 文件。在"pages"字段中添加一个页面路径"pages/jqmp//jqmp"，代码如下：

```
"pages":[
    "pages/jqmp//jqmp",
    "pages/index/index",
    "pages/logs/logs"
],
```

（2）在 pages/jqmp//jqmp.wxml 文件中输入以下代码：

```
<view class="card">
    <view class="big-title">荔波小七孔</view>
    <image src="../../images/lb.jpg"   ></image>
    <view class="content">
            <view class="small-title">简介</view>
            <view  class="dl">小七孔风景区位于贵州省荔波县城南部 30 余
千米的群峰之中，景区全长 7 千米，面积约 10 平方千米，有 100 多个游览景点，是集
山、水、林、洞、湖、瀑为一体的原始奇景。1988 年被列为国家级自然保护区。</view>
    </view>
</view>
```

由于 WXSS 样式内容还未讲解，还不能美化样式。这里只有 index.wxml 代码运行效果，如图 2-5 所示。"景区名片" WXSS 样式代码在后面章节中进行讲解。

图 2-5　未用 WXSS 样式的运行效果

2.3.4　制作"比较成绩"页面

输入语文成绩和数学成绩，并比较两门课成绩的分数高低。页面效果和框架结构如图 2-6 所示。

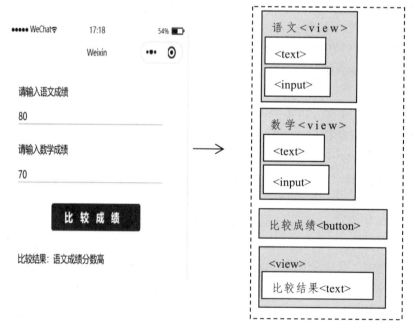

图 2-6　页面效果和框架

【示例 2-4】制作"比较成绩"页面。

（1）在微信开发者工具中新建一个项目。

（2）在 app.json 文件中，添加"比较成绩"页面路径。注意"pages"字段里的文件路径，要与 pages 文件夹对应，app.json 文件代码如下：

```
{
 "pages":[
  "pages/bjcj/bjcj",
   "pages/index/index",
   "pages/logs/logs"

 ]
}
```

（3）在 pages/bjcj/bjcj.wxml 文件中输入以下代码：

```
<view>
    <text>请输入语文成绩</text>
    <input type="number" />
</view>
<view>
    <text>请输入数学成绩</text>
    <input type="number" />
</view>
<button>比较成绩</button>
<view>
<text>比较结果：</text>
</view>
```

由于 WXSS 样式内容还未讲解，还不能美化样式。这里只有 bjcj.wxml 代码运行效果，如图 2-7 所示。"比较成绩"WXSS 样式代码在后面章节中进行讲解。

图 2-7　未用 WXSS 样式的运行效果

2.3.5 数据绑定

1. 数据绑定

数据绑定即通过双重花括号{{变量名}}的语法格式，将一个变量绑定到页面上。例如：

```
<view>{{ name }}</view>
```

为什么要用数据绑定呢？因为小程序上的大部分数据都是后端服务器返回给小程序的，也就是说这些数据是动态的，每次加载小程序都要先访问服务器，服务器处理数据后，再返回小程序显示。

因此，不能直接把数据写在wxml前端页面，要使用变量。当小程序运行时，服务器返回数据给小程序，再赋值给变量，完成数据的加载显示，这就是数据绑定的意义。

2. 数据绑定的操作方法

步骤1：打开wxml文件，在标签内容或者属性需要数据绑定的位置写入{{变量名}}。

步骤2：打开js文件，对该变量进行定义，把变量的值放在下面所示代码data:{ }中。

【示例2-5】数据绑定。

（1）新建一个项目。

（2）打开index.wxml文件，删除所有内容，输入以下内容：

```
<view>{{name}}</view>
```

（3）打开index.js文件，删除所有内容，输入以下内容：

```
Page({
/* 页面的初始数据 */
data:{
  name:'贵州黄果树'
}
})
```

当wxml文件加载组件时，会自动到对应的js文件中查找变量，并将查找到的数据值渲染到页面上。

运行结果如图2-8所示。

图2-8 运行效果

3. 数据绑定{{   }}的使用位置

wxml 中数据绑定的位置除了放在内容中，还可以放到其他位置，见表 2-11。具体使用方法在后面章节中介绍。

表 2-11　数据绑定的使用位置

数据绑定的位置	格式	举例
内容	{{变量名}}	\<view\> {{result}} \</view\>
组件属性值	"{{变量名}}"	\<image src="{{name}}"\>\</image\>

2.3.6　列表渲染

1. 列表渲染

列表渲染：在组件上使用 wx:for 控制属性绑定一个数组，即使用数组中各元素数据来重复渲染该组件。wx:for 是标签的一种特殊属性，称为控制属性。

数组是一组数据的集合，数组中每个元素由下标和值组成，数组的当前元素（当前项）的下标变量名默认为 index，数组当前元素（当前项）的变量名默认为 item。

【示例 2-6】列表渲染。

新建一个项目文件，index.wxml 和 index.js 文件中的代码见表 2-12。

表 2-12　列表渲染操作步骤示例

列表渲染操作步骤	代码
① 在 index.wxml 中输入右侧代码	\<view wx:for="{{xs}}"\>{{item.name}}{{item.sex}}\</view\>

② 在 index.js 中输入右侧代码	Page({
	　　data: {
	　　xs:[
	　　{name:'刘红',sex:'女'},
	　　{name:'李小明',sex:'男'}
	　　]
	　　})

运行效果如图 2-9 所示。

图 2-9　列表渲染运行效果

重要提示:

在本示例中,打开调试器,调试区的 Console 中会出现一个 warning 警告,如图 2-10 所示。这个警告提示用户,列表渲染时未写 wx:key="字符串"(wx:key="字符串"的功能是指定列表中项目的唯一的标识符)。用户虽然可以忽略该警告,但是推荐写上 wx:key="字符串"。

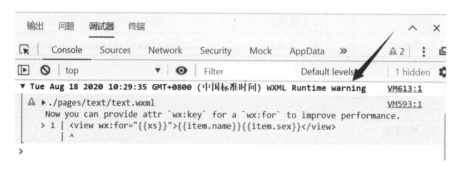

图 2-10　未写 wk:key="字符串"的报警提示

2. wx:for 写在 block 中

可以将 wx:for 用在<block>标签上,以渲染一个包含多节点的结构块。<block>仅仅是一个包装元素,不会在页面中做任何渲染,只接受控制属性。

【示例 2-7】在 block 组件中进行列表渲染。

新建一个项目文件,index.wxml 和 index.js 文件中的代码见表 2-13。

表 2-13　wx:for 写在 block 中

列表渲染写在 block 标签的操作步骤	代码

① 在 index.wxml 中输入右侧代码	`<block wx:for="{{xs}}"　wx:key="value" >`
	`<view >{{item.name}}{{item.sex}}</view>`
	`</block>`

② 在 index.js 中输入右侧代码	`Page({`
	`  data: {`
	`xs:[`
	`{name:'刘红',sex:'女'},`
	`{name:'李小明',sex:'男'}`
	`]`
	`})`

运行效果与示例 2-6 相同,如图 2-11 所示。

刘红女
李小明男

图 2-11　wx:for 写在 block 中列表渲染运行效果

2.3.7　制作"轮播图"

制作 4 张图片的"轮播图",如图 2-12
所示,要求显示面板指示点、自动切换、每
隔 1 s 切换一张图片、衔接滑动。

图 2-12　轮播图效果

1. 轮播组件

轮播组件框架如图 2-13 所示。

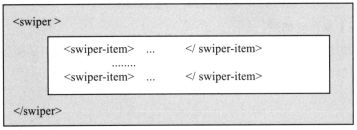

```
<swiper >
        <swiper-item>  ...       </ swiper-item>
                ........
        <swiper-item>  ...       </ swiper-item>
</swiper>
```

图 2-13　轮播图框架

说明:

(1) 最外面父级元素:

```
<swiper >


</swiper>
```

(2) 重复的子元素:

```
<swiper-item>   ...          </ swiper-item>
```

(3) swiper 常用属性见表 2-14。

表 2-14　轮播组件常用属性

swiper 标签常用属性	默认值	功能
indicator-dots	false	是否显示面板指示点
autoplay	false	是否自动切换
interval	5000	每隔一定时间切换一张图片,单位为:ms
circular	false	衔接滑动

2. 制作 4 张图片的轮播

页面框架如图 2-14 所示。

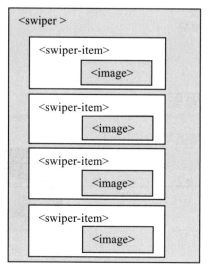

图 2-14　页面框架

【示例 2-8】制作轮播图。

步骤 1：新建一个微信小程序项目，在 app.json 文件中添加"轮播图"页面路径。app.json 文件代码如下：

```
{
  "pages":[
      "pages/nb/nb",
    "pages/index/index",
    "pages/logs/logs"

  ]
}
```

步骤 2：在 nb.wxml 文件中输入以下代码：

```
<swiper indicator-dots="true" autoplay="true" interval="1000" circular="true">

    <swiper-item>
        <image src="../../images/eat1.jpg"　></image>
    </swiper-item>
    <swiper-item>
        <image src="../../images/eat2.jpg"　></image>
    </swiper-item>
    <swiper-item>
```

```
            <image src="../../images/eat3.jpg" ></image>
    </swiper-item>
    <swiper-item>
            <image src="../../images/eat4.jpg" ></image>
    </swiper-item>

</swiper>
```

3. 使用列表渲染制作轮播图

步骤 1：把上面 nb.wxml 中 4 对<swiper-item>减化成 1 对<swiper-item>，如图 2-15 所示。用 wx:for 做列表渲染，使用数组中 bannerData 中 imgUrl 的数据重复渲染<swiper-item>组件。数组 bannerData 的值写在 js 文件的 data 中，imgUrl 是 bannerData 数组中的元素。

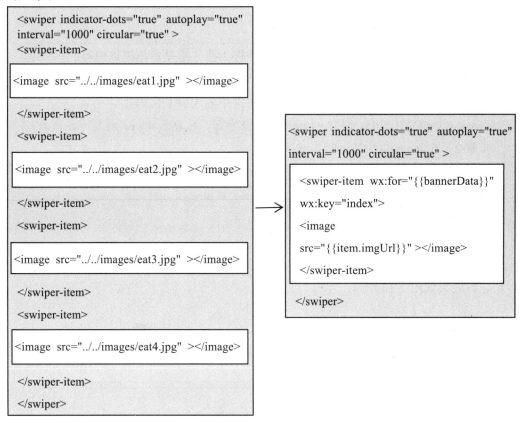

图 2-15 4 对<swiper-item>减化成 1 对

步骤 2：在 nb.js 文件中把 bannerData 数组写在 data 数据里面。

```
Page({
 data:{
    //轮播图数据
```

```
    bannerData: [
      { imgUrl: '../../images/eat1.jpg'},
      { imgUrl: '../../images/eat2.jpg'},
      { imgUrl: '../../images/eat3.jpg'},
      { imgUrl: '../../images/eat4.jpg'}
  ]
    }
})
```

2.3.8 条件渲染

（1）条件渲染 wx:if="{{条件}}"。

格式为：

```
<组件名 wx:if="{{条件}}">内容</组件名>
```

如果条件为真，显示该组件内容，如果条件为假，不显示该组件内容。

【示例 2-9】条件渲染案例。

步骤 1：新建一个项目，在 index.wxml 文件中输入以下代码：

```
<view wx:if="{{condition}}">conditionw 值为真，才显示</view>
```

步骤 2：在 index.js 中输入以下代码：

```
Page({
 data:{
    condition:true
}
})
```

运行效果如图 2-16 所示。

图 2-16 运行效果

（2）wx:elif="{{条件}}"的使用。

【示例 2-10】如果 cj>80，则显示良好；如果大于 60，则显示及格。

步骤 1：新建一个项目，在 app.json 文件中添加 "tj" 页面路径。app.json 文件代码如下：

```
{
 "pages":[
"pages/tj/tj",
    "pages/index/index",
    "pages/logs/logs"

 ]
}
```

步骤 2：打开 tj.js 文件，输入以下代码：

```
Page({
 data:{
    cj:90

}
})
```

步骤 3：打开 tj.wxml 文件，代码如下：

```
<view wx:if="{{cj > 80}}"> 良好 </view>
<view wx:elif="{{cj > 60}}"> 及格 </view>
```

运行效果如图 2-17 所示。

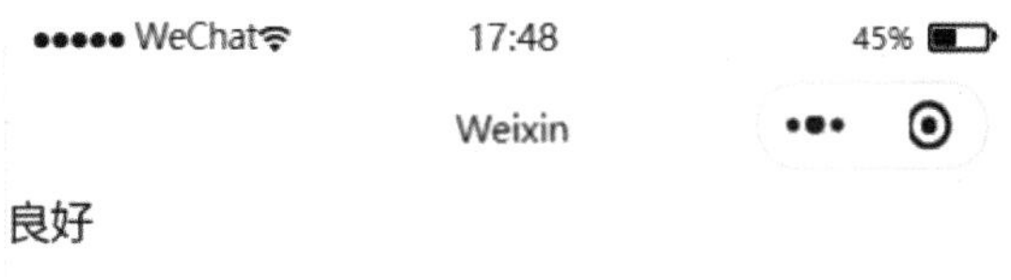

图 2-17　运行效果

2.4　微信小程序 WXSS

微信小程序代码 WXSS

微信小程序提供了全局样式和局部页面样式。app.wxss 为全局样式，作用于当前小程序的所有页面。局部页面样式仅对当前页面生效。

2.4.1 WXSS 的基本语法

1. WXSS

WXSS(WeiXin Style Sheets)是样式语言，用于描述 WXML 的组件样式。它是基于 CSS 的修改和扩充，具有 CSS 的大部分特性。使用 WXSS 代码，可以设置组件的字体、颜色、位置、大小、宽度和高度等，美化页面样式。

2. WXSS 的语法格式

```
选择器  {
    属性: 属性值;
    属性: 属性值;
    ...
}
```

选择器就是要设置样式的元素。

3. WXSS 样式书写位置

（1）在 WXML 文件中书写样式，格式如下：

```
<标签  style="样式属性名: 属性值"></标签>
```

【示例 2-11】给 view 组件设置样式：宽度为 300rpx，高度为 100rps，背景色为红色。新建一个项目，在 index.wxml 文件中输入以下代码：

```
<view style="width:300rpx;height:100rpx;background:red;"> 贵州遵义会址 </view>
```

运行效果如图 2-18 所示。

图 2-18　运行效果

（2）在 WXSS 文件中书写样式，格式如下：

```
选择器  {
    属性: 属性值;
    属性: 属性值;
    ...
}
```

【示例 2-12】给 view 组件设置样式：宽度为 300rpx，高度为 100rps，背景色为红色。样式写在 index.wxss 文件中，操作步骤如下：

① 新建一个项目，在 index.wxml 文件中的代码如下：

<view > 贵州遵义会址 </view>

② 在 index.wxss 文件中的代码如下：

```
view{
    width:300rpx;
    height:100rpx;
    background:rcd;
}
```

<view > 贵州遵义会址 </view>

运行效果与图 2-25 相同。

2.4.2　WXSS 选择器

1. 标签选择器

通过标签选择元素，所有的标签都可以是选择器。

格式：

标签名{样式属性名: 属性值;}

【示例 2-13】 选择所有 view 组件设置样式。

view{样式属性名: 属性值;}

2. id 选择器

使用 id 选择器时，要在 id 值前加上"#"，id 选择器只能选中一个元素，同一个页面要保证 id 的唯一性。

格式：

#id 名{样式属性名: 属性值;}

【示例 2-14】选择 id 名为"ah"的组件设置样式。

#ah{样式属性名: 属性值;}

3. 类选择器

使用 class 选择器时，要在 class 名前加上"."，class 选择器可以被多个元素共同使用，不同元素可以有相同的 class 值。同一个元素可以有多个类名，需要使用空格隔开。尽量使用类选择器，而不是 id 选择器。

格式：

.类名　{样式属性名: 属性值;}

【示例 2-15】 选择类名为"box"的组件设置样式。

.box{样式属性名: 属性值;}

4. 并集选择器

同时选中多个元素，选择时要用“,”隔开。标签选择器、id 选择器、class 选择器都可以使用。

格式：

选择器 1，选择器 2，…，选择器 n {样式属性名: 属性值;}

【示例 2-16】 选择类名为 box 和 nr 的组件进行样式设置。

.box,.nr{样式属性名: 属性值;}

5. 后代选择器

后代选择器是一种祖先结构关系，并不一定是父子关系。祖先和后代之间要有一个空格隔开。标签选择器、id 选择器、class 选择器都可以使用。

格式：

祖先 后代{样式属性名: 属性值;}

【示例 2-17】选择 view 组件中类名.bg 设置样式。

view .bg{样式属性名: 属性值;}

2.4.3 WXSS 常用样式

1. 字号设置 font-size

font-size 用于设置字体的尺寸。常用尺寸单位有：rpx(推荐使用)、px、%。

格式：

选择器 {font-size: 合法的尺寸单位;}

rpx（responsive pixel）单位：可以根据屏幕宽度进行自适应。rpx 单位是 wxml 提出的一个新尺寸单位，CSS 中没有 rpx 单位。不同的手机有不同的宽度和像素比，如果用 px 做单位换算会很麻烦。使用 rpx 单位，由小程序内部负责进行转换，就不用考虑手机宽度不同的问题了。使用 rpx 单位，同一套代码在不同手机上运行都是正常的。

规定手机屏幕宽为 750rpx，在小程序中设置元素宽度为 750rpx，该元素的宽度就是手机屏幕宽度的 100%。如果手机上屏幕的宽度为 375px，共有 750 个物理像素，则 750rpx = 375px = 750 物理像素，1rpx = 0.5px = 1 物理像素。

2. 字体加粗 font-weight

格式：

选择器 {font-weight: 字体粗度值;}

字体粗度值及含义见表 2-15。

表 2-15　CSS 字体粗度值及含义

字体粗度值	含义
数字	100~900，没有单位，一般设置成整百，数字越大，字体越粗
bold	表示粗体，相当于数字 700
normal	表示正常字体粗细，相当于数字 400

3. 文本颜色 color

color 用于设置文本的颜色。当文字没有设置颜色时，默认为黑色。

格式：

选择器 {color: 颜色值;}

CSS 常用颜色格式见表 2-16。

表 2-16　CSS 常用颜色格式

颜色格式	含义
#rrggbb	十六进制数，rr(红色)，gg(绿色)，bb(蓝色) 所有值必须介于 0 与 f 之间，如#f64a8c
rgb(x,x,x)	RGB 值，范围是 rgb(0,0,0)~rgb(255,255,255)
英文单词	表示颜色的单词，如 red、green、blue、black、white、yellow

4. 行高 line-height

行高指每行的高度，不是行间距。当行高与高度 height 相等时，单行文本会垂直居中。

格式：

选择器 {line-height: 值;}

CSS 文本行高值及含义见表 2-17。

表 2-17　CSS 文本行高值及含义

行高值	含义
带尺寸单位的数值	固定的行高
数字	用当前字体大小的倍数来设置行高
百分比	用当前字体大小的百分比来设置行高

5. 首行缩进 text-indent

text-indent 用于设置文本块首行文本的缩进。它的属性值可以是固定的长度值，也可以是相对于父元素宽度的百分比，默认值为 0。

格式：

选择器 {text-indent: 尺寸单位;}

通常使用 em 作为首行缩进的尺寸单位，1em 就表示一个汉字的长度。

6. 水平对齐方式 text-align

text-align 用于设置元素中文本的水平对齐方式。

格式：

选择器 {text-align: left|right|center|justif;}

CSS 文本水平排列方式及含义见表 2-18。

表 2-18　CSS 文本水平排列方式及含义

排列方式	含义
left	默认值，文本排列到左边
right	文本排列到右边
center	文本排列到中间
justify	文本两端对齐

7. 元素的大小

通常是自动的，会根据元素的内容计算出实际的宽度和高度。但可以通过 WXSS 手动设置宽度和高度，控制每个元素的大小，包换宽度、高度。

格式：

选择器 {width: 数值; height: 数值;}

CSS 尺寸属性见表 2-19。

表 2-19　CSS 尺寸属性

属性	含义	单位
width	设置元素的宽度	rpx（推荐使用）、px、%
height	设置元素的高度	

8. 背景颜色 background-color

（1）设置单一的颜色作为背景。

格式：

选择器 {background-color: 颜色;}

（2）也可以用 background 简写。

格式：

选择器 {background: 颜色;}

颜色通常用十六进制数，格式为：#rrggbb。其中，rr（红色）、gg（绿色）、bb（蓝色）。所有值必须介于 00 与 ff 之间，如#f64a8c。

2.4.4　盒子模型

1. 盒模型

盒模型又叫框模型（Box Model），每个元素（element）都可以看成是框架或者盒子。盒子包括：外边距（margin）+边框（border）+内边距（padding）+元素内容（content）。注意外边距、边框、内边距都有上右下左 4 个方向。WXSS 盒模型如图 2-19 所示。

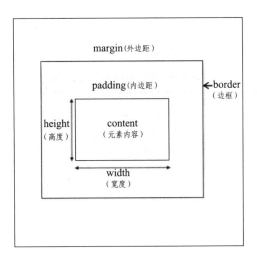

图 2-19　WXSS 盒模型

2. 盒子模型相关样式属性

（1）边框：是指围绕元素内容和内边距的线条。设置边框属性时，首先确定的是方向，边框有 4 个方向：上、右、下、左。可以一次定义 4 个方向边框的宽度、样式、颜色，也可以只定义 1 个方向的宽度、样式、颜色。CSS 边框格式见表 2-20。

表 2-20　CSS 边框格式

方　向	格　式	含　义
4 个方向	border:width style color;	（简写方式）一次定义 4 个方向的边框的宽度、样式、颜色
上	border-top:width style color;	只定义上边框的宽度、样式、颜色
右	border-right:width style color;	只定义右边框的宽度、样式、颜色
下	border-bottom:width style color;	只定义下边框的宽度、样式、颜色
左	border-left:width style color;	只定义左边框的宽度、样式、颜色

边框宽度单位常用 rpx（推荐）或者 px。边框样式取值有 solid（实线）、dotted（点线）、dashed（虚线）、double（双线）。边框颜色通常用十六进制数，格式为：#rrggbb。其中，rr（红色）、gg（绿色）、bb（蓝色）。所有值必须介于 00 与 ff 之间。

【示例 2-18】一次定义 view 组件 4 个方向的边框线为 2rpx、实线、红色。

```
view{
    border:2rpx solid red;
}
```

【示例 2-19】单独定义 view 组件下边框线的宽度为 2rpx、实线、浅灰色。

```
view{
    border-bottom:2rpx solid #ccc;
}
```

（2）圆角边框 border-radius：给组件添加圆角的边框，格式见表 2-21。

表 2-21　圆角边框 border-radius

方向	格式	属性值
边框左上角	border-top-left-radius: 值;	为绝对值或者百分比
边框右上角	border-top-right-radius: 值;	
边框左下角	border-bottom-left-radius: 值;	
边框右下角	border-bottom-right-radius: 值;	
简写方式	border-radius: 值1 值2 值3 值4 border-radius: 值1 值2 border-radius: 值1 值2 值3 border-radius: 值1	

【示例 2-20】给 view 设置圆角边框。

```
view{
    width:300rpx;
    height:100rpx;
    background:#ccc;
    border-radius: 20rpx;
}
```

（3）padding 内边距：是指边框和内容之间的距离。CSS 内边距 padding 的格式见表 2-22。

表 2-22　内边距 padding 格式

方向	格式	属性值
上内边距	padding-top: 值;	像素、百分比，但不能为负数
右内边距	padding-right: 值;	
下内边距	padding-bottom: 值;	
左内边距	padding-left: 值;	

方　向	格　式	属性值
简写方式	内边距简写有以下 4 种形式： ① padding: value（上）value（右）value（下）value（左）； ② padding: value（上）value（左右）value（下）； ③ padding: value（上下）value（左右）； ④ padding: value（4 个方向相同）；	

（4）margin 外边距：是指围绕在元素边框周围的空白区域。WXSS 外边距 margin 的格式见表 2-23。

表 2-23　外边距 margin 格式

方向	格　式	属性值
上外边距	margin-top: 值；	
右外边距	margin-right: 值；	
下外边距	margin-bottom: 值；	像素、百分比，但不能为负数。外边距如果取值 auto，实现水平方向居中显示的效果
左外边距	margin-left: 值；	
简写方式	外边距简写有以下 4 种形式： ① margin: value（上）value（右）value（下）value（左）； ② margin: value（上）value（左右）value（下）； ③ margin: value（上下）value（左右）； ④ margin: value（4 个方向相同）；	

（5）box-shadow 边框阴影：给方框添加一个或多个阴影。

box-shadow 格式如下：

box-shadow: h-shadow v-shadow blur spread color inset;

box-shadow 属性值见表 2-24。

表 2-24　box-shadow 属性值

box-shadow 属性值	含　义
h-shadow	必选项，水平阴影的位置
v-shadow	必选项，垂直阴影的位置
blur	可选项，模糊距离
spread	可选项，为阴影的尺寸
color	可选项，为阴影的颜色
inset	可选项，从外层的阴影（开始时）改变阴影内侧阴影

2.4.5　弹性布局

flex（flexible box）弹性布局盒模型，是 2009 年 W3C 提出的一种简洁、快速弹性布局的属性。

1. 容器

在 wxss 样式中使用以下代码：

```
选择器（元素）{
display:flex;
}
```

该元素称为 flex 容器（flex container），简称"容器"。

2. 项目

容器中的所有子元素自动成为容器成员，称为 flex 项目（flex item），简称"项目"。

容器项目示例，wxml 文件如下：

```
<view>
    <text>欢迎来贵州黄果树旅游</text>
    <text>欢迎来贵州龙宫旅游</text>
    <text>欢迎来贵州荔波小七孔旅游</text>
    <text>欢迎来贵州梵净山旅游</text>
</view>
```

wxss 文件如下：

```
view{
display:flex;
}
```

该示例中 view 组件是容器，4 个 text 组件是项目。如果不写弹性布局样式，这 4 个 text 中的内容会连着排在一起，中间没有间距，写了弹性布局样式后，这 4 个 text 中的内容会横向排列，中间有间距。

3. 两根轴

容器默认存在主轴和与主轴垂直的交叉轴。主轴可以是水平方向，也可以是垂直方向。交叉轴可以是水平方向，也可以是垂直方向。

4. 弹性布局属性

（1）容器属性。

flex 有以下 6 个容器属性，见表 2-25。

表 2-25　flex 容器属性

属性	含义
flex-direction	取值：row（默认）| row-reverse | column | column-reverse 控制项目排列方向与顺序，默认 row，即横向排列，项目排列顺序为正序；row-reverse 同为横向排列，但项目顺序为倒序。 column 为纵向排列，项目顺序为正序；column-reverse 为纵向排列，项目顺序为倒序
flex-wrap	取值：nowrap（默认）| wrap | wrap-reverse 控制项目是否换行，nowrap 表示不换行； 举例：容器宽度为 200px，容器中有 5 个宽度为 50px 的项目，nowrap 情况下，项目会强行等分容器宽度从而不换行，此时项目实际宽度变成 40px
flex-flow	是 flex-deriction 与 flex-wrap 属性的简写，默认属性为 row nowrap，即横向排列，且不换行
justify-content	取值：flex-start（默认）| flex-end | center | space-between | space-around | space-evenly 控制项目在横轴的对齐方式，默认 flex-start 为左对齐，center 为居中，flex-end 为右对齐。space-between 两端对齐，项目之间的间隔都相等，space-around 每个项目两侧的间隔相等
align-items	取值：flex-start | flex-end | center | baseline | stretch（默认） 控制项目在纵轴的排列方式，默认 stretch 即如果项目没设置高度，或高度为 auto，则占满整个容器
align-content	取值：flex-start | flex-end | center | space-between | space-around | space-evenly | stretch（默认） 控制多行项目的对齐方式，如果项目只有一行则不会起作用

（2）项目属性。

flex 有以下 6 个项目属性，见表 2-26。

表 2-26　flex 项目属性

属性	含义
order	取值：默认 0，设置项目排列顺序，数值越小，项目排列越靠前
flex-grow	取值：默认 0，设置项目在有剩余空间的情况下是否放大，默认不放大；注意，即便设置了固定宽度，也会放大
flex-shrink	取值：默认 1，设置项目在空间不足时是否缩小，默认项目都是 1，即空间不足时项目一起等比缩小；注意，即便设置了固定宽度，也会缩小。 但如果某个项目 flex-shrink 设置为 0，即便空间不够，自身也不缩小
flex-basis	取值：用于设置项目宽度，默认 auto 时，项目会保持默认宽度，或者以 width 为自身的宽度，但如果设置了 flex-basis，会覆盖 width 属性

属性	含义
flex	取值：默认 0 1 auto，flex 属性是 flex-grow、flex-shrink 与 flex-basis 三个属性的简写，用于定义项目放大、缩小与宽度。 使用最多的是 flex:1；即该项目在空间不足或有剩余空间时，会自动适应大小。
align-self	auto(默认) | flex-start | flex-end | center | baseline | stretch 设置个别项目拥有与其他项目不同的对齐方式，各值的表现与父容器的 align-items 属性完全一致

2.4.6 制作"景区名片"样式

前面已经介绍了"景区名片"页面 index.wxml 文件，本节将介绍 WXSS 样式设置。"景区名片"页面效果和框架如图 2-20 所示。

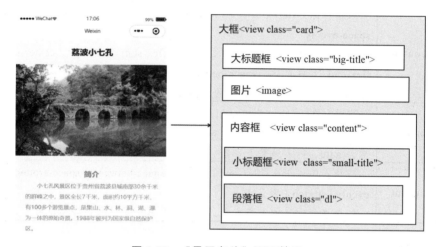

图 2-20 "景区名片"页面效果

（1）"景区名片"index.wxss 文件对应的 CSS 样式分析见表 2-27。

表 2-27 对应的 CSS 样式分析

序号	选择器	样式内容
①	.card	整个名片宽度设置为 750rpx，背景色为#F7F7F7
②	.big-title	标题水平居中，字号 20px，加粗，内边距 20px
③	image	设置宽度
④	.content	内边距为 25px，字号 14px，颜色为灰色，行高为当前字大小的 2 倍，即 28px
⑤	.small-title	小标题居中，字号 18px，加粗
⑥	.dl	段落前面缩进 2 个汉字的宽度

（2）"景区名片"index.wxss 完整代码如下：

```css
/*设置宽度和背景色*/
.card {
    width: 750rpx;
    background: #F7F7F7;
}
/*标题水平居中，字号40rpx，加粗，内边距20px*/
.big-title {
    text-align: center;
    font-size: 40rpx;
    font-weight: bold;
    padding: 40rpx;
}
/*图片宽度和父级.box 一样宽*/
image {
    width: 100%;
}
/*图片下面内容:内边距为50rpx，字号28rpx，颜色为灰色，行高为当前字大小的
2倍，即56rpx*/
.content {
    padding: 50rpx;
    font-size: 28rpx;
    color: #999;
    line-height: 2;
}

/*小标题居中，字号36rpx，加粗*/
.small-title {
    text-align: center;
    font-size: 36rpx;
    font-weight: bold;
}

/*段落前面缩进2个汉字的宽度*/
.dl {
    text-indent: 2em;
}
```

2.4.7 制作"比较成绩"样式

在 2.3.4 节中已经编写了"比较成绩"页面 bjcj.wxml 文件，本节将介绍 WXSS 样式设置。页面效果和框架结构如图 2-21 所示。

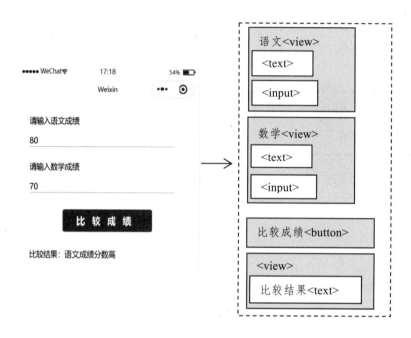

图 2-21 页面效果和框架结构

以下为"比较成绩"bjcj.wxss 样式文件的全部代码：

```
view {
  margin: 50rpx;
  font-size: 35rpx;
}
input {
  width: 600rpx;
  margin-top:30rpx;
  border-bottom: 2rpx solid #ccc;
}
button {
  margin: 60rpx;
  color: #fff;
  background: #350;
  letter-spacing: 30rpx;
}
```

"比较成绩"bjcj.js 文件的编写将在 2.6 节中进行详细讲解。

2.5　微信小程序 JS

微信小程序代码 JS

2.5.1　JS 基本语法

小程序只有前端界面（视图层）显示是不够的，还需要与用户进行交互，响应用户的点击，获取用户的数据信息等。在小程序里，可以通过编写 JS 脚本文件来处理用户的交互操作。

JS 是 JavaScript 的简称，是一种轻量级的编程语言，用于微信小程序的逻辑层，将数据进行处理后发送给视图层，同时接受视图层的事件反馈功能。

1. 变量

变量即可变的量，是用于存储数据的容器。

变量命名原则：变量名只能以字母、_、$开头，余下的可以是字母、数字、_、$，注意变量名不能以数字开头；变量名不能用 JS 关键字；JS 是区分大小写的,变量名、函数、关键字都要区分大小写。

变量包括普通变量（数字型、字符串型、布尔型）和特殊变量（数组、对象）。

2. 小程序定义变量格式

（1）小程序 JS 文件中，在 data 中初始化变量、数组、对象数据格式如下：

```
data:{
    变量名:值,
    数组名:[    ],
     对象：{    }
}
```

（2）小程序 JS 文件中，在 data 之外定义变量格式如下：

```
var    变量名=值
```

例如：

```
var name = "贵州省";
```

【示例 2-21】新建一个小程序，创建 xs 页面，打开 xs.js 文件，在 data 中 name 初始化值为"刘红"，在 onLoad 函数中定义一个变量 age=18，并打印输出这两个变量。

步骤 1：新建一个小程序，在 app.json 文件中增加一条 xs 页面路径。

```
"pages":[
  "pages/xs/xs",
  "pages/index/index",
  "pages/logs/logs"
],
```

步骤 2：打开 xs.js 文件，输入以下代码：

```
Page({
  data: {
name:"刘红"
  },
  onLoad: function (options) {
    var age=18
    console.log(this.data.name)
    console.log(age)
  },
```

运行结果如图 2-22 所示。

图 2-22 运行结果

注意：

在函数中调用 data 里的变量要用 this.data.变量名。

3. 数据类型

（1）number：包括整数或小数。例如：

```
80   90.5
```

（2）string：用" "双引号或者' '单引号包围的叫字符串，不管里面是文字还是数字。例如：

```
"abc"   "a"   'abc'   "123"
```

（3）boolean：布尔类型。只有 true 和 false 值。

（4）null：一个对象为空的占位符，该对象定义了但没有被赋值。

（5）undefined：如果一个变量未定义，则会被默认赋值为 undefined。

（6）数组：数组里面存放了一组数据（元素）。数组的第一个元素下标为 0，第二个元素下标是 1，以此类推。

格式：

```
数组名：[
    元素，
    ...
    元素
      ]
```

（7）对象：对象是属性的集合，对象由一对大括号包含，在大括号内部，用属性名：值表示属性。

格式：

```
对象名：{
属性名:值,
......
属性名:值
}
```

访问对象属性有两种方法：

方法 1：对象名.属性名；

方法 2：对象名["属性名称"]

示例：在 JS 中访问对象属性。

打开 xs.js 文件，输入以下代码：

```
Page({
  data: {
  jzfp:['刘红','李小','王明'],
  xs:{
    name:'张红',
    age:18,
```

```
        sex:'女'
    }
},
onLoad: function (options) {
  console.log(this.data.jzfp)
  console.log(this.data.xs)
},
```

注意：

在函数中调用 data 里的数组，要用 this.data.数组名。

在函数中调用 data 里的对象，要用 this.data.对象名。

onLoad 函数在页面加载时触发，一个页面只会调用一次。

console.log 是在调试器中打印输出。

运行效果如图 2-23 所示。

图 2-23　运行结果

2.5.2　微信小程序 JS 文件

小程序 JS 文件有两种，分别是全局逻辑 app.js 文件和页面逻辑 js 文件。

app.js 文件是项目的入口文件。每个小程序都需要在 app.js 中调用 App 方法、注册小程序实例、绑定生命周期回调函数、错误监听和页面不存在监听函数等。整个小程序必须有且只有一个 App()，否则会出现错误。

注册小程序的格式如下：

```
App({
  onLaunch: function () {
    // 小程序启动之后，触发
  }
})
```

对于小程序中的每个页面，都需要在页面对应的 js 文件中进行注册，指定页面的初始数据、生命周期回调、事件处理函数等。图 2-24 所示为小程序自动生成的 index.js 文件代码。

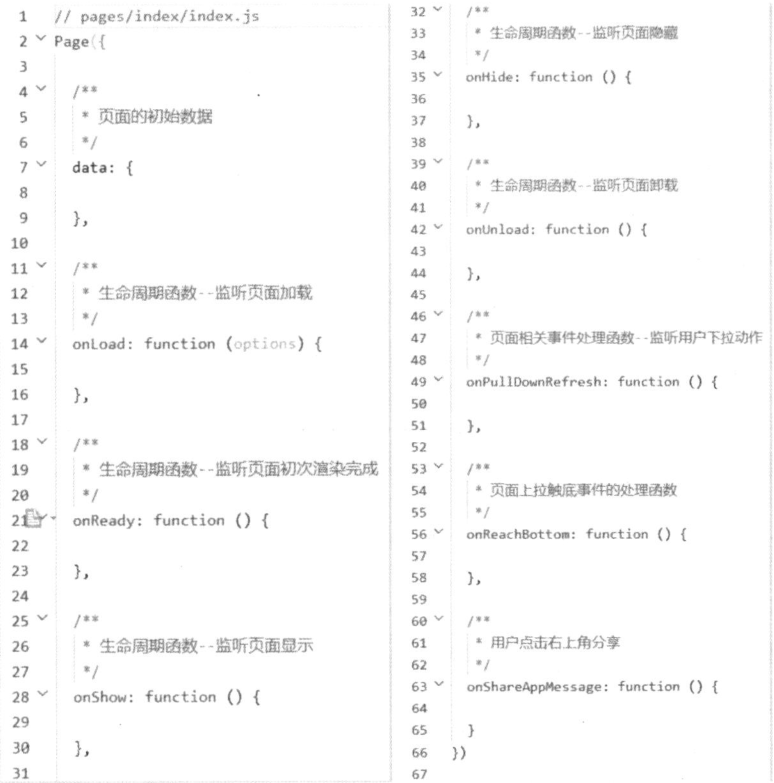

```
 1    // pages/index/index.js
 2    Page({
 3
 4      /**
 5       * 页面的初始数据
 6       */
 7      data: {
 8
 9      },
10
11      /**
12       * 生命周期函数--监听页面加载
13       */
14      onLoad: function (options) {
15
16      },
17
18      /**
19       * 生命周期函数--监听页面初次渲染完成
20       */
21      onReady: function () {
22
23      },
24
25      /**
26       * 生命周期函数--监听页面显示
27       */
28      onShow: function () {
29
30      },
31
32      /**
33       * 生命周期函数--监听页面隐藏
34       */
35      onHide: function () {
36
37      },
38
39      /**
40       * 生命周期函数--监听页面卸载
41       */
42      onUnload: function () {
43
44      },
45
46      /**
47       * 页面相关事件处理函数--监听用户下拉动作
48       */
49      onPullDownRefresh: function () {
50
51      },
52
53      /**
54       * 页面上拉触底事件的处理函数
55       */
56      onReachBottom: function () {
57
58      },
59
60      /**
61       * 用户点击右上角分享
62       */
63      onShareAppMessage: function () {
64
65      }
66    })
67
```

图 2-24　小程序自动生成的 index.js 文件代码

1. Page 方法生成页面

Page 方法生成一个页面的格式如下：

```
Page({
//这里是页面内容
})
```

小程序每个页面的 JS 中都必须有一个 Page 方法，否则会出错。Page 方法里面的内容根据需求来写（如果 Page 方法里面不写代码，也不会报错）。

2. data 对象

Page 中的 data 对象，主要存放该页面的数据，格式如下：

```
Page({
  data: {

  }
})
```

在 data 中写入数据，在 wxml 文件中通过数据绑定的方式显示。data 中数据的格式为：以名称和值成对的形式（name : value）来定义，属性之间由逗号分隔。最后一项数据后不能有逗号。

3. Page 中的函数

（1）Page 中小程序的生命周期函数。

在小程序中每个页面都存在着一条生命时间线，包括代码加载→页面渲染→显示到页面上（不同页面之间切换时，就会产生隐藏）→页面的销毁（关闭小程序），这样一个流程叫作生命周期。

小程序每个页面生命周期在时间流程上都有相对应的函数，这些函数写在 Page 函数中，函数中的函数又叫回调函数。页面生命周期函数及功能见表 2-28。

表 2-28　页面生命周期函数及功能

生命周期函数	功能
onLoad(options)	页面加载时触发。一个页面只会调用一次，在 onLoad 的参数中获取打开当前页面路径中的参数
onShow( )	页面显示/切入前台时触发
onReady( )	页面初次渲染完成时，一个页面只会调用一次，代表页面已经准备好，可以与视图层进行交互
onHide( )	页面隐藏/切入后台时触发
onUnload( )	页面卸载

（2）Page 中的自定义函数：

```
函数名: function(参数){
  //函数内容

}
```

4. 事　件

事件是视图层到逻辑层的联系方式。事件可以将用户的行为反馈到逻辑层进行处理。事件绑定在组件上，当触发事件时，就会执行逻辑层中对应的事件处理函数。事件对象可以携带额外信息，如 id、dataset、touches。

事件响应的操作步骤如下：

步骤 1：

在 wxml 文件中，给组件绑定一个事件处理函数，格式如下：

<标签　事件名="函数名">

步骤 2：

在对应的 js 文件中，在 Page 中写上相应的事件处理函数，注意函数名要与 wxml 中绑定的函数名相同。格式如下：

```
Page({
    函数名: function(参数){
    //函数内容
    }
})
```

【示例 2-22】在 xs.wxml 文件中的 view 组件上绑定一个单击事件 tj，触发 tj 事件后，在控制台输出 view 组件传过来的数据。

（1）在 xs.wxml 文件中，输入以下代码：

```
<view id="box" data-km="Python" bindtap="tj">点击我  </view>
```

注意：data-km 是组件中自定义数据属性。

组件中自定义数据属性的格式：

data-变量名

（2）在 xs.js 文件中，输入以下代码：

```
Page({
    data: {
    },
    tj: function(e) {
        console.log(e)
        console.log(e.target.id)
        console.log(e.target.dataset.km)
    },
```

注意：tj 函数不能写在 onLoad 中。

console.log(e)打印出来的内容如图 2-25 所示。

上述示例中 view 组件的属性值与打印输出的对应值见表 2-29。

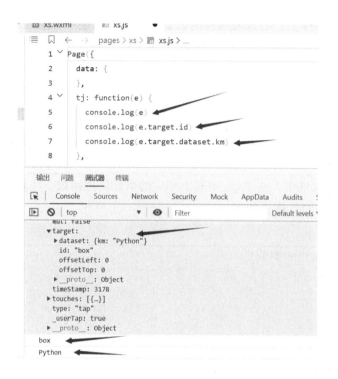

图 2-25　console.log(e)打印出来的内容

表 2-29　上述示例 view 组件的属性值与打印输出的对应值

view 组件的属性值	打印语句	输出值
data-km="Python"	console.log(e.target.dataset.km)	python
id="box"	console.log(e.target.id)	box

2.5.3　微信小程序 JS 中的数据处理

1. 访问 Page 页面中 data 里的数据和 Page 里的函数

（1）在函数中，可以直接使用 this 来访问 Page 页面中 data 里的数据和 Page 里的函数。在小程序中，this 表示当前对象的一个引用，此时 this 所指向的对象为全局对象，也就是这个页面。

格式如下：

```
this.data.变量名
this.函数名
```

（2）在 API（在 2.5.4 节中将会学习）中，访问 Page 中 data 里的数据和 Page 里的函数的操作步骤如下：

步骤 1：在 API 的外面，要先保存当前页面的 this。例如：

```
var that = this
```

步骤 2：在 API 的里面用 that 来调用 Page 中 data 里的数据和 Page 里的函数。例如：

that.data.变量名

that.函数名

【示例 2-23】JS 中的数据处理。

（1）在 Page 中 data 里定义了 name、sex、age 等变量的值。

（2）在 Page 中定义一个函数 new，打印输出"新函数"3 个字。

（3）在 onLoad 函数中，直接用 this 调用 data 数组中的变量。

（4）在 onLoad 函数中，直接用 this 调用 new 函数。

在 xs.js 中输入以下代码：

```
Page({
  /**
   * 页面的初始数据
   */
  data: {
    name:"刘红",
    sex:"女",
    age:18
  },
  new:function(){
    console.log("新函数")
  },
  /**
   * 生命周期函数--监听页面加载
   */
  onLoad: function (options) {
    console.log(this.data)
    console.log(this.data.name)
    console.log(this.data.sex)
    console.log(this.data.age)
    console.log(this.new)
  }
})
```

运行结果如图 2-26 所示。

图 2-26　运行结果

2. 更新 Page 中 data 里的数据

如果要修改 data 里变量的值，必须用 this.setData(变量名:新的值)方法。语法格式如下：

```
this.setData({
变量名:新的值,
变量名:新的值,
变量名:新的值
})
```

可以更新多个变量的值，每行之间用逗号分隔。如果变量在 data 中没有定义过的，则执行该语句后将会在 data 中创建新的变量。

特别注意：使用 this.data.变量名=新值，修改的值不会在页面中更新显示，页面中显示的还是更改之前的值。

示例：

在 xs.wxml 中输入以下代码：

```
<view>{{name}}</view>
```

在 xs.js 中输入以下代码：

```
Page({
  data: {
    name:"李小明"
  },
  onLoad: function (options) {
   this.setData({
      name:"王双双"
   })
  },
```

在模拟器上的运行效果如图 2-27 所示。模拟器上显示 view 组件绑定的 name 的值是"王双双"。

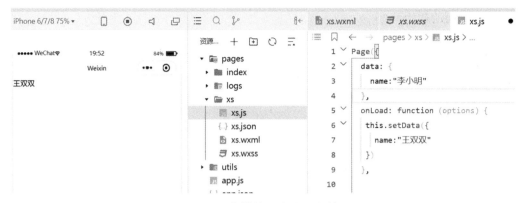

图 2-27　在模拟器上的运行效果

3．不同页面之间的数据传递

在微信小程序中不同页面之间的数据传递有以下两种方法。

（1）参数传递：页面跳转过程中传递参数（参数传递在后面的章节中讲解）。

（2）全局数据在不同页面之间的传递：首先把数据在全局数据中进行保存，然后每个页面从全局数据中读取。

步骤 1：

在 app.js 文件中保存全局数据，格式如下：

```
App({
globalData: {
userInfo: null        //把全局数据放在 globalData 对象中
}
})
```

步骤 2：

在页面 js 文件中读取全局数据，格式如下：

```
getApp().globalData.变量名
```

示例：

（1）app.js 文件代码如下：

```
App({
globalData: {
userInfo: null,
cj:100,
}
})
```

（2）在 xs.js 文件中读取 cj 的数据并修改其值，在调试窗口中打印出来。

```
Page({
 /**
```

```
  * 页面的初始数据
  */
 data: {

 },
 /**
  * 生命周期函数--监听页面加载
  */

onLoad: function (options){
console.log(getApp().globalData.cj)
getApp().globalData.cj = 200
console.log(getApp().globalData.cj)

},
```

控制台输出结果如图 2-28 所示，第一次输出 100，是从全局数据中读出的 cj 的值 100。第二次输出 200，是在 xs.js 文件中修改了全局数据 cj 的值为 200，并输出全局数据 cj 的值。

图 2-28　控制台输出结果

2.5.4　微信小程序 API

1. API 的定义

API 的全称是 Application Programming Interface，即应用程序编程接口。API 是一些预先定义的函数或功能模块，如微信小程序提供的获取用户信息、本地存储、支付功能、打开微信扫一扫等。开发人员可以直接使用这些功能模块 API，而不需要知道里面代码是怎么实现的。API 有同步和异步两种，使用最多的是异步，因此，本教材重点讲异步 API。

2. 异步 API

大多数 API 都是异步 API。调用异步 API 函数的格式为：

```
API 函数名称({Object,…,Object})
```
重要说明：

Object 即参数，参数有以下两种情况：

（1）参数可以是键名:值。

（2）参数也可以是 success()、fail()、complete()回调函数。

具体调用异步 API 函数格式如下：

```
API 函数名称({
        键名:值,
        ......
        键名:值,
        success( ){
        ......
        },
        fail( ){
        ......
        },
        complete( ){
        ......
        }

})
```

success 函数、fail 函数、complete 函数称为 API 的回调函数。其中，success 为接口调用成功的回调函数，fail 为接口调用失败的回调函数，complete 为接口调用结束的回调函数，无论调用成功或者失败，都会执行 complete 中的代码。

success、fail、complete 这三个回调函数调用时会传入一个 Object 类型参数，包含以下字段，见表 2-30。

表 2-30　回调函数的参数

属性	类型	说明
errMsg	string	错误信息
errCode	number	错误码
其他	Any	接口返回的其他数据

【示例 2-24】调用微信登录的 API：获得与用户身份有关的一些信息，如头像、名称等。

```
wx.login({
success(res) {
```

```
// api 调用成功执行的代码
},
fail(res) {
console.log ( res.errMsg )
// api 调用失败执行的代码
},
complete(res) {
//api 调用完毕执行的代码
})
```

2.5.5　常用 API 的调用

1. 调用显示消息提示框 API

格式：

wx.showToast({参数 参数})

wx.showToast 中常用参数说明见表 2-31。

表 2-31　wx.showToast 中常用参数说明

属性	类型	取值	说明
title	string		提示的标题
icon	string	'success'	显示成功图标
		'loading'	显示加载图标
duration	number	数字	提示的延迟时间

示例：显示消息提示框。

步骤 1：新建一个项目，在 app.json 文件中增加一条页面路径，代码如下：

```
"pages":[
    "pages/xs/xs",
    "pages/index/index",
    "pages/logs/logs"
 ],
```

步骤 2：打开 xs.js 文件，输入以下代码：

```
Page({
  /**
   * 页面的初始数据
   */
  data: {
```

```
    },
    /**
     * 生命周期函数--监听页面加载
     */
    onLoad: function (options) {
      wx.showToast({
        title: '成功',
        icon: 'success',
        duration: 9000
      })
    }
  })
```

运行效果如图 2-29 所示。

图 2-29　运行效果

2. 调用显示模态对话框 API

格式：

wx.showModal({Object object})

显示模态对话框的参数见表 2-32。

表 2-32　显示模态对话框常用参数

属性	类型	说明
title	string	提示的标题
content	string	提示的内容

【示例 2-25】调用显示模态对话框。

在上述 xs.js 中删除 onLoad 函数中的内容，重新输入以下代码：

```
Page({
  onLoad: function (options) {
  wx.showModal({
  title: '提示',
  content: '这是一个模态弹窗',
  success (res) {
    if (res.confirm) {
      console.log('用户点击确定')
    } else if (res.cancel) {
      console.log('用户点击取消')
    }
  }
})
  }
})
```

说明：confirm 为 true 时，表示用户点击了确定按钮；cancel 为 true 时，表示用户点击了取消。

代码运行效果如图 2-30 所示。

图 2-30　运行效果

3. 调用显示加载提示框 API

格式：

```
wx.showLoading({Object object})
```

【示例 2-26】显示加载提示框。

在上述 xs.js 文件中删除 onLoad 函数中的内容，重新输入以下代码

```
Page({
  onLoad: function (options) {
    wx.showLoading({
      title: '加载中',
    })
```

运行效果如图 2-31 所示。

图 2-31　显示加载提示框

4. 调用关闭提示框 API

格式：

```
wx.hideLoading({Object Object})
```

【示例 2-27】调用显示加载提示框，定时 3 s 后，调用关闭加载提示框。

在上述 xs.js 中删除 onLoad 函数中的内容，重新输入以下代码：

```
Page({
  onLoad: function (options) {
    wx.showLoading({
      title: '加载中',
    })

    setTimeout(function () {
      wx.hideLoading()
    }, 3000)
```

```
    }

})
```

注意：setTimeout（回调函数，时间）功能是时间一到，就执行回调函数。

5. 页面路由 API

即小程序页面之前的跳转。页面路由 API 包括以下几种：

（1）wx.relaunch({Object Object})。

功能：关闭所有页面，打开到某个页面。

格式：

```
wx.reLaunch({
    url:'    '
})
```

url 参数的值是字符串型，是必填项，表明需要跳转的页面路径。

（2）wx.redirectTo({Object Object})。

功能：关闭当前页面，跳转到某个页面。

格式：

```
wx.redirectTo({
    url:'    '
})
```

url 参数的值是字符串型，是必填项，表明需要跳转的页面路径。

（3）wx.navigateTo({Object Object})。

功能：保留当前页面，跳转到某个页面。

格式：

```
wx.navigateTo({
    url:'    '
})
```

url 参数的值是字符串型，是必填项，表明需要跳转的页面路径。

【示例 2-28】小程序 xs 页面跳转到 logs 页面。

步骤 1：新建一个项目，在 app.json 文件中，增加一条页面路径，代码如下：

```
"pages":[
    "pages/xs/xs",
    "pages/index/index",
    "pages/logs/logs"
],
```

步骤 2：打开 xs.js 文件，输入以下代码：

```
Page({
  data: {

  },
  onLoad: function (options) {
  wx.reLaunch({
    url: '../logs/logs',
  })
  },
```

运行效果如图 2-32 所示。首先加载出 xs 页面，几秒后自动跳转到 logs 页面。

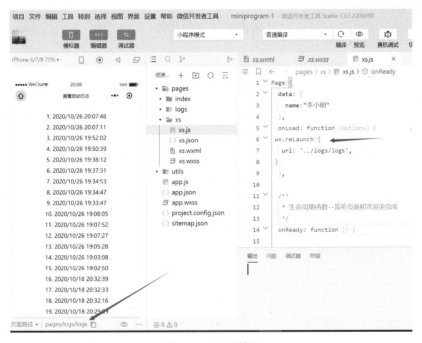

图 2-32　运行效果

6. 调用网络发起请求 API：wx.request

（1）调用 wx.request 常用格式如下：

```
wx.request({
  url: '  ',     //服务器接口地址
  data: {
    x: '',      //发送给服务器的数据:变量 x 的值
    y: ''       //发送给服务器的数据:变量 y 的值
  },
```

```
      header: {
        'content-type': 'application/json' //  默认值
      },
  method: "POST",
    success (res) {                    //res 为服务器返回的数据
      console.log(res.data)            //处理请求成功返回的数据
    },
    fail: function(res) {
                        //处理请求失败的代码

    },
  complete: function(res) {
                        //处理请求完成的代码

  }
  })
```

（2）wx.request 功能：向服务器发起网络请求的 API，是小程序客户端与服务器端交互的接口。

（3）wx.request 常用参数说明见表 2-33。

表 2-33　wx.request 常用参数说明

参数	类型	描述
url	字符串	服务器端接口地址
data	字符串/对象/数组	请求的参数
method	字符串	HTTP 请求方法，主要有 POST 和 GET 方法
header	对象	设置请求，'content-type': 'application/json'为默认值
success	函数	接口调用成功的回调函数
fail	函数	接口调用失败的回调函数
complete	函数	接口调用结束的回调函数（无论调用成功或失败，都会执行）

2.6　制作"比较成绩"JS 代码

制作"比较成绩"JS 代码

前面已经完成了"比较成绩"的 WXML 和 WXSS 文件，本节将要修改 WXML 文件内容，并增加 JS 逻辑层内容，才能完成"比较成绩"的比较功能，如图 2-33 所示。

图 2-33 "比较成绩"效果图

（1）"比较成绩"页面的 bjcj.wxml 文件添加 3 个绑定事件，并给最后 1 个文本框添加条件渲染，如图 2-34 所示。

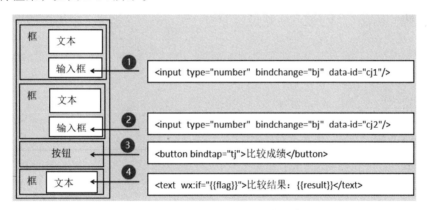

图 2-34 bjcj.wxml 文件添加 3 个绑定事件

步骤 1：给语文成绩输入框添加输入框发生改变事件：bindchange="bj"，并且给这个输入框设置 data-id="cj1"。

步骤 2：给数学成绩输入框添加输入框发生改变事件：bindchange="bj"，并且给这个输入框设置 data-id="cj2"。

步骤 3：给按钮添加事件 bindtap="tj"。

步骤 4：给最后一个文本框添加条件渲染 wx:if="{{flag}}"，如果 flag 值为真，就显示{{result}}，否则就不显示。

"比较成绩"页面 index.wxml 文件完整代码如下：

```
<view>
    <text>请输入语文成绩</text>
    <input type="number" bindchange="bj" data-id="cj1"/>
```

```
        </view>
        <view>
            <text>请输入数学成绩</text>
            <input type="number" bindchange="bj" data-id="cj2"/>
        </view>
        <button bindtap="tj">比较成绩</button>
        <view>
        <text wx:if ="{{flag}}">比较结果：{{result}}</text>
        </view>
```

（2）在"比较成绩"页面的 bjcj.js 文件中，要给页面变量赋初始值，还要定义 tj 和 bj 事件函数，最后更新 data 里变量的值。

步骤 1：在 index.js 文件的 Page 中的 data 里给页面变量赋初值。

```
Page({
    /**
     * 页面的初始数据
     */
    data: {
        cj1:0,
        cj2:0,
        result:'',
        flag:false
    },
```

步骤 2：在 index.js 文件的 Page 中定义 bj 事件处理函数，bj 函数的功能如下：

① 如果是语文输入框输入了数据，发生改变就触发了 bj 事件，那么 Number（e.detail.value）获取语文输入框中输入的值并转化为数值型数据，e.target.dataset.id 获取语文输入框中 data-id 的值 cj1。把语文输入框中输入的数值赋值给 cj1 变量。

② 如果是数学输入框输入了数据，发生改变就触发了 bj 事件，那么 Number（e.detail.value）获取数学输入框中输入的值并转化为数值型数据，e.target.dataset.id 获取语文输入框中 data-id 的值 cj2。把数学输入框中输入的数值赋值给 cj2 变量。

```
bj:function(e){
    this.data[e.target.dataset.id]=Number(e.detail.value)
},
```

步骤 3：在 index.js 文件的 Page 中定义 tj 事件处理函数，tj 函数的功能如下：首先给 str 变量赋值为"两科成绩相等"，然后判断如果 this.cj1>this.cj2 为真，str 变量赋值为"语文成绩分数高"，否则如果 this.cj1<this.cj2 为真，str 变量赋值为"数学成绩分数高"。代码如下：

```
tj:function(){
    var str='两科成绩相等'
    if(this.cj1>this.cj2){
        str='语文成绩分数高'
    }
    else if(this.cj1<this.cj2){
        str='数学成绩分数高'
    }
```

步骤 4：给 Page 中 data 里的 result 变量更新赋值为 str，flag 变量更新赋值为 true，代码如下：

```
this.setData({
    result:str,
    flag:true
})
```

"比较成绩"页面 index.js 文件完整代码如下：

```
Page({
    /**
     * 页面的初始数据
     */
    data: {
        cj1:0,
        cj2:0,
        result:'',
        flag:false
    },
    bj:function(e){
        this.data[e.target.dataset.id]=e.detail.value
    },
    tj:function(){
        var str='两科成绩相等'
        if(this.cj1>this.cj2){
            str='语文成绩分数高'
        }
        else if(this.cj1<this.cj2){
            str='数学成绩分数高'
```

```
        }
    this.setData({
        result:str,
        flag:true
    })
  }
)}
```

【本章小结】

本章主要围绕微信小程序的组件、样式、数据绑定、数据处理、API 等内容进行讲解，通过案例将这些知识应用到小程序的开发中，帮助读者掌握小程序前端开发基础，并为后面的点餐小程序开发做铺垫。

【习题】

1. 画出微信小程序的代码框架。
2. 简述微信小程序 JSON 文件的代码格式。
3. 简述微信小程序常用组件格式。
4. 简述微信小程序常用样式。
5. 简述微信小程序中数据绑定、列表渲染。
6. 简述微信小程序中常用 API。

第 3 章　点餐小程序项目需求分析和设计

本章将详细介绍点餐小程序项目开发的第一步——项目需求分析,读者将学会用户需求调研,并熟悉点餐小程序项目各页面最基本的功能。

【学习目标】

（1）了解项目需求分析原则;

（2）了解点餐小程序页面各功能需求。

点餐小程序项目需求分析

3.1　点餐小程序项目需求分析

1. 项目需求分析原则

从用户角度出发,与用户进行沟通交流,充分挖掘用户真实需求,分析并写出需求文档。对于初学者,不要一次实现所有需求,第一次先实现最基础的功能,后面再循序渐进的完善。本教程讲解的点餐小程序只实现了最基础的功能。

2. 点餐微信小程序项目需求分析

本项目点餐微信小程序主要实现点餐最基本的功能,包括菜单、购物车、确认订单、订单 4 个页面。菜单、购物车、订单 3 个页面底部都有标签导航,点击标签导航,可以相互切换这 3 个页面,并显示对应的页面内容。

（1）菜单页面原型图及功能如图 3-1 所示。

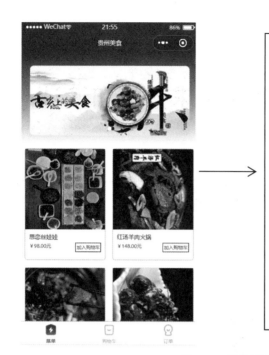

菜单页面功能

①显示商品：

显示每种商品的图片、名称、价格和"购物车"按钮。

②添加商品到购物车：

点击"加入购物车"按钮，可以将商品添加到购物车。

图 3-1　菜单页面原型图及功能

（2）购物车页面原型图及功能如图 3-2 所示。

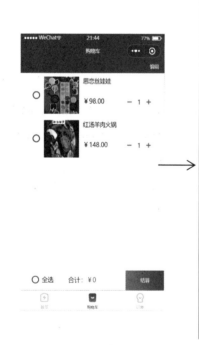

购物车页面功能

①显示购物车中每件商品：

包括每件商品的图片、名称、价格和数量，最下面显示全选、合计、结算/删除，右上角显示编辑/完成。

②修改商品数量：

单击+或者−，可以增加或者减少商品数量。

③删除商品：

点击右上角"编辑"按钮，才能进行以下删除操作。

·点击商品前面选框→点击右下角"删除"按钮，可以删除选中的商品。

·点击左下角"全选"→点击右下角"删除"按钮，可以删除所有商品。

④结算：

点击右上角"完成"按钮，切换为"编辑"按钮，才能进行下面的结算操作。

·点击商品前面选框，下方显示合计金额→点击右下角"结算"按钮，可以结算选中的商品。

·点击左下角"全选"，下方显示合计金额→点击右下角"结算"按钮，可以结算所有商品。

图 3-2　购物车页面原型图及功能

（3）确认订单页面原型图及功能如图 3-3 所示。

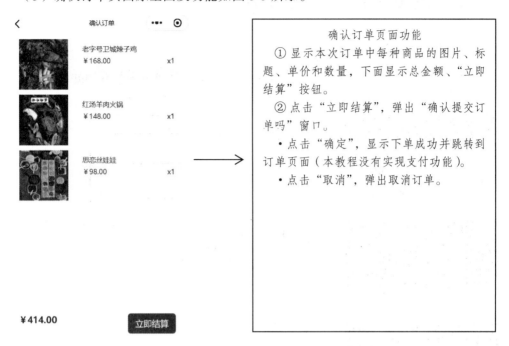

图 3-3　确认订单页面原型图及功能

（4）订单页面原型图及功能如图 3-4 所示。

图 3-4　订单页面原型图及功能

3.2 点餐小程序页面设计

1. 菜单页面设计

菜单的最上面是轮播图，中间是所有商品的信息，底部导航栏在 app.json 文件中实现。菜单页面原型图及设计如图 3-5 所示。

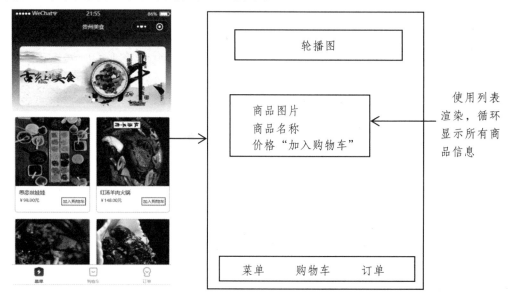

图 3-5 菜单页面原型图及设计

2. 购物车页面设计

购物车的右上角显示"编辑/完成"，可以相互切换，中间是购物车中的商品信息，下面是"结算"。底部导航栏在 app.json 文件中实现。购物车页面原型图及设计如图 3-6 所示。

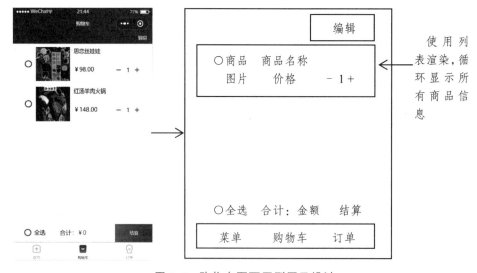

图 3-6 购物车页面原型图及设计

70

3. 确认订单页面设计

确认订单页面上面显示订单中的商品信息，下面显示金额和"立即结算"。确认订单页面原型图及设计如图3-7所示。

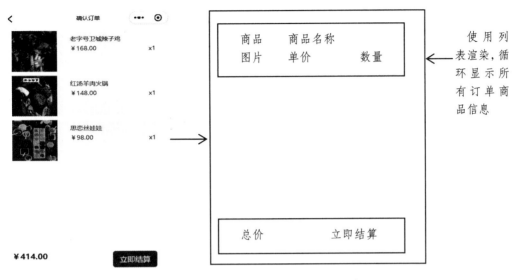

图 3-7　确认订单页面原型图及设计

4. 订单

订单的上面是订单商品信息，底部导航栏在 app.json 文件中实现。订单页面原型图及设计如图3-8所示。

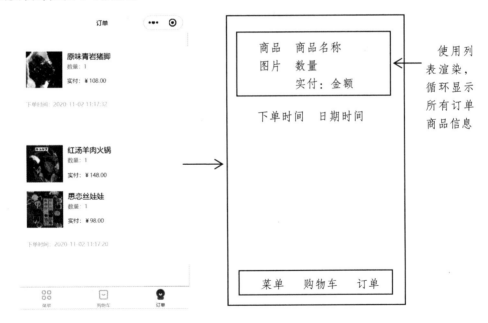

图 3-8　订单页面原型图及设计

【本章小结】

本章主要讲解点餐小程序项目各页面的功能，让读者熟悉该项目中各页面的功能，并为后面的点餐小程序开发做铺垫。

【习题】

1. 简述点餐小程序菜单页面的框架和具体功能。
2. 简述点餐小程序购物车页面的框架和具体功能。
3. 简述点餐小程序确认订单页面的框架和具体功能。
4. 简述点餐小程序订单页面的框架和具体功能。

第4章 点餐小程序前端开发实战

本章将"手把手"带领读者使用 WXML、WXSS、JS 制作微信小项目前端页面，制作点餐小程序的"菜单""购物车""确认订单""订单"界面，熟练掌握微信小程序前端开发必备的知识和技能。

【学习目标】

（1）掌握"菜单"页面的框架组成、列表渲染、数据处理、事件绑定、样式设置、API 应用程序接口；

（2）掌握"购物车"页面的框架组成、列表渲染、数据处理、事件绑定、样式设置、API 应用程序接口；

（3）掌握"确认订单"页面的框架组成、列表渲染、数据处理、事件绑定、样式设置、API 应用程序接口；

（4）掌握"订单"页面的框架组成、列表渲染、数据处理、事件绑定、样式设置、API 应用程序接口。

4.1 创建点餐微信小程序

创建点餐微信小程序

1. 创建项目

打开 D:\phpstudy_pro\www\shop，新建一个"小程序"目录，打开微信开发者工具，单击"项目"菜单→单击"新建项目"菜单项。项目目录选择 D:\phpstudy_pro\www\shop\小程序。粘贴自己的 AppID→单击"不使用云服务"→单击"新建"，创建微信小程序。

2. 删除 logs 文件夹

在小程序目录中删除 logs 文件夹。

73

3. 修改文件内容

打开以下文件，删除部分代码，如表 4-1 所示。

表 4-1　修改部分文件内容

序号	文件名	修改内容
①	index.js	只保留以下两行代码： Page({ })
②	index.wxml	打开 index.wxml 文件，删除里面内容
③	index.wxss	打开 index.wxss 文件，删除里面内容

④	app.json	打开 app.json 文件，找到 pages 字段，只保留下面内容。（注意逗号的位置）
		{
		"pages":[
		"pages/index/index"
		]
		}

⑤	app.wxss	打开 app.wxss 文件，删除里面内容
⑥	app.js	只保留下面代码： App({ })

4. 复制图片文件

在 D:\phpstudy_pro\www\shop\小程序下，创建 static 文件夹，从素材库中把轮播图的 4 张图片，底部导航栏"菜单""购物车""订单"选中状态和未选中状态的 6 张图片，以及购物车页面增加数量、减少数量、复选框选中、复选框未选中 4 张图片粘贴进来。

在 D:\phpstudy_pro\www\shop\public\upload 文件夹下，从素材库中把商品图片粘贴进来。

4.1.1　初始化 app.json 文件

1. 在 app.json 文件中添加页面路径

打开 app.json 文件，在 "pages/index/index" 路径后面添加 3 个页面路径，代码如下：

```
"pages": [
    "pages/index/index",
```

```
    "pages/cart/cart",
    "pages/confirm-order/confirm-order",
    "pages/my-order/my-order"
    ],
```

在上述代码中，从上到下的页面依次为菜单、购物车、确认订单、订单。

2. 在 app.json 文件中设置底部导航栏

（1）在 app.json 文件中添加 tabBar 组件，可以给页面添加底部导航栏。tabBar 组件属性如表 4-2 所示。

表 4-2　页面底部导航栏 tabBar 属性

属性	类型	是否必填	描述
color	HexColor	是	底部导航栏上文字的默认颜色，仅支持十六进制颜色
selectedColor	HexColor	是	底部导航栏上的文字选中时的颜色，仅支持十六进制颜色
list	数组	是	① pagePath 属性：页面路径； ② text 属性：底部导航栏上按钮文字； ③ iconPath 属性：图片路径，icon 大小限制为 40 kb，建议尺寸为 81 px×81 px； ④ selectedIconPath 属性：选中时的图片路径，icon 大小限制为 40 kb，建议尺寸为 81 px×81 px。 list 是数组，该数组中最少 2 个、最多 5 个 tab 元素。tab 按数组的顺序排序，每个项都是一个对象

（2）设置底部导航栏只显示"菜单""购物车""订单"，如图 4-1 所示。

图 4-1　页面底部导航栏 tabBar

app.json 文件中底部导航栏 tabBar 代码如下：

```
"tabBar": {
    "color": "#C0C4CC",
    "selectedColor": "#5E606B",
    "borderStyle": "black",
    "backgroundColor": "#ffffff",
    "list": [
        {
```

```
      "pagePath": "pages/index/index",
      "iconPath": "static/icon01.png",
      "selectedIconPath": "static/icon1.png",
      "text": "菜单"
    },

    {
      "pagePath": "pages/cart/cart",
      "iconPath": "static/icon02.png",
      "selectedIconPath": "static/icon2.png",
      "text": "购物车"
    },
    {
      "pagePath": "pages/my-order/my-order",
      "iconPath": "static/icon03.png",
      "selectedIconPath": "static/icon3.png",
      "text": "订单"
    }
  ]
},
```

4.1.2 初始化 app.js 文件

1. 定义全局数据

在 app.js 文件中使用全局数据 globalData，可以让小程序各个页面之间共同使用全局数据。在点餐小程序 app.js 文件中，定义一个全局数据 api，用于存放后台接口文件相同的部分。代码如下：

```
App({
  onLaunch: function () {

  },
  globalData: {
    api: 'http://a.com/index.php/',
  }
})
```

2. 其他页面使用全局数据的方法

```
getApp().globalData.api
```

4.1.3 初始化 util.js 文件

1. 封装网络请求

在点餐小程序每个页面的 js 文件中，都需要使用 wx.request 发起网络请求，获取后台数据。为了减少重复代码，在 util.js 文件中以_get 和_post 方法对 wx.request 进行封装，封装代码如下：

```
module.exports = {

  _get: (url, data, success, error) => http('GET', url, data, success, error),

  _post: (url, data, success, error) => http('POST', url, data, success, error),
}

/**
  * 封装 API 请求
  */
const http = (method, url, data, success, error) => {
  success = success || function () { };
  error = error || function () { };

  wx.request({
    method: method || 'GET',
    url: getApp().globalData.api + url ,    //调用全局数据
    header: {
      'content-type': 'application/json',
    },
    data: data || {},
    success: res => {
      return success(res);
    },
    fail: err => {
      return error(err);
    },
    complete: info => {
```

```
        }
    })
}
```

代码说明：

（1）module.exports 是对外暴露接口。

通过 module.exports 对外暴露接口，其他的 js 文件才可以使用_get 和_post 模块。

（2）以上函数定义使用的是箭头函数，箭头函数的基本格式如下：

函数名：（参数列表）=>{ 函数体 }

（3）_get: (url, data, success, error)和_post: (url, data, success, error) 模块中各参数含义如下：

url：服务器接口地址；

data：发送到服务器的数据；

success：网络请求成功回调函数；

error：网络请求失败回调函数。

2．小程序页面调用模块的方法

（1）在需要调用_get 和_post 模块的 js 文件中，引入 util.js 文件，示例代码如下：

```
const utils = require('../../utils/util.js');
```

（2）在需要调用_get 模块的位置输入以下代码：

```
utils._get(参数 1, 参数 2, function (res) {

    ......

});
```

（3）在需要调用_post 模块的位置输入以下代码：

```
utils._post(参数 1, 参数 2, function (res) {

    ......

});
```

4.2　制作"菜单"页面

制作"菜单"页面

4.2.1 "菜单"页面 wxml 文件

"菜单"页面包括轮播图、商品信息列表。"菜单"页面效果和框架结构如图 4-2 所示。

（1）轮播图效果和框架结构如图 4-3 所示。

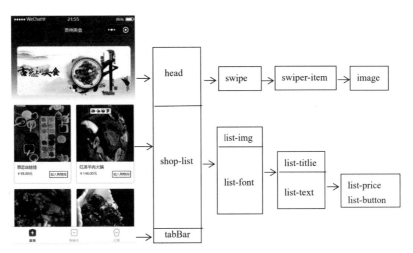

图 4-2 "菜单"页面效果和框架结构

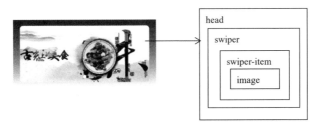

图 4-3 轮播图效果和框架结构

轮播图框架对应的 wxml 代码如下：

```
<view class="head">
    <!-- 轮播图 -->
    <swiper class="swiper" indicator-color="rgba(255,255,255,0.5)" indicator-active-
color="white" indicator-dots="true" autoplay="true" interval="5000" duration="1000"
circular="true">
        <swiper-item wx:for="{{movies}}" wx:for-index="index" wx:key="key">
            <image src="{{item.url}}"  mode="aspectFill" />
        </swiper-item>
    </swiper>
</view>
```

重要说明：轮播图数据绑定如表 4-3 所示。

表 4-3　轮播图数据绑定

序号	名称	使用组件	数据绑定	说明
①	轮播列表	swiper-item	wx:for="{{movies}}"	列表渲染，movies 为数组名
②	图片	image	src="{{item.url}}"	src 属性值绑定了 movies 数组中当前元素的 url 值

（2）每种商品信息效果和框架结构如图 4-4 所示。

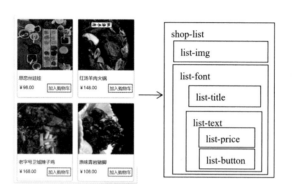

图 4-4　每种商品信息效果和框架结构

每种商品信息框架对应的 wxml 代码如下：

```
<view class="shop-list" wx:for="{{goods}}" wx:for-index="index" wx:key="key">
    <image class="list-img" src="{{item.cover}}"></image>
    <view class="list-font">
        <view class="list-title">{{item.title}}</view>
        <view class="list-text">
            <text class="list-price" >￥{{item.price}}</text>
            <text class="list-button"    bindtap="addCart" data-id="{{item.id}}">加
入购物车</text>
        </view>


    </view>
</view>
```

重要说明：各种商品信息中的数据都是从数据库中读取的，因此商品数据都需要数据绑定。

商品信息数据绑定和事件绑定如表 4-4 所示。

表 4-4　每种商品信息数据绑定和事件绑定

序号	名称	使用组件	类名	组件部分属性、内容	说明
①	商品列表	view	shop-list	wx:for="{{goods}}"	列表渲染，goods 为数组名
②	商品图片	image	list-img	src="{{item.cover}}"	src 属性值绑定了 goods 数组中当前元素的 cover 值
③	商品名称	view	list-title	<view class="list-title">{{item.title}}</view>	view 内容绑定了 goods 数组中当前元素的 title 值
④	商品价格	text	list-price	<text class="list-price" >￥{{item.price}}x</text>	text 内容绑定了 goods 数组中当前元素的 price 值
⑤	加入购物车	text	list-button	bindtap="addCart" data-id="{{item.id}}"	绑定了事件函数 addCart，自定义了一个属性 data-id，其值为 goods 数组中当前元素的 id 值

4.2.2　"菜单"页面 wxss 文件

（1）轮播图效果和框架结构如图 4-5 所示。

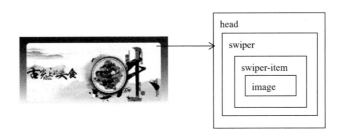

图 4-5　轮播图效果和框架结构

轮播图的 wxss 样式设置如表 4-5 所示。

表 4-5　轮播图的 wxss 样式设置

序号	选择器	样式内容
1	.head	宽度、高度、顶上内边距、背景图片[创建一个线性渐变的"图像"（从上到下）]
2	.swiper	宽度、高度、水平位置居中、顶上外边距
3	.swiper image	宽度、高度、设置圆角边框

"菜单列表"页面中 head 内的 wxss 样式代码如下：

```
/* 头部 */
.head {
    width: 100%;
    height: 320rpx;
    padding-top: 10rpx;
    background-image: linear-gradient(#FF205D, #FFFFFF);
}
/*轮播*/
.swiper {
    width: 90%;
    height: 288rpx;
    margin:auto;
    margin-top:6rpx;
}

.swiper image {
    width: 100%;
    height: 100%;
    border-radius: 16rpx;
}
```

（2）每种商品信息效果和框架结构如图 4-6 所示。

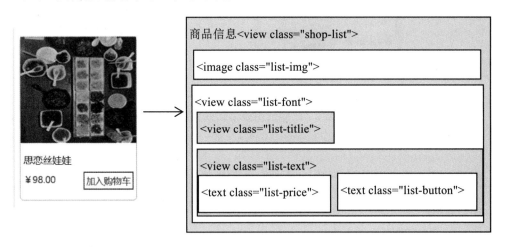

图 4-6　每种商品信息效果和框架结构

每种商品信息的 wxss 样式设置如表 4-6 所示。

表 4-6　每种商品信息的 wxss 样式设置

序号	选择器	样式内容
1	.shop-list	宽度、高度、背景色、浮动朝左、外边距、圆角边框、边框线
2	.list-img	宽度、高度、居中
3	.list-font	宽度、高度、居中、弹性布局、项目纵向排列、顶上外边距
4	.list-title	文字大小、文字颜色
5	.list-text	文字大小、文字颜色、顶上外边距、弹性布局、项目横向排列、两端对齐，项目之间的间隔都相等
6	.list-price	顶上外边距
7	.list-button	边框线、内边距

每种商品信息的 wxss 样式代码如下：

```
/* 商品列表 */

.shop-list{
    width:45.2%;
    height:230px;
    background-color: white;
    float: left;
    margin:2%;
    border-radius:12rpx;
    border:1px solid lightgray;
}

.list-img{
    width:100%;
    height:300rpx;
    margin: auto;
}

.list-font{
    width:95%;
    height:180rpx;
    margin: auto;
    display:flex;
    flex-direction: column;
```

```
        margin-top:20rpx;
    }
    .list-title{
        font-size:28rpx;
        color:#25272D;
    }

    .list-text{
        font-size:26rpx;
        color:#FF205D;
        margin-top:16rpx;
        display: flex;
        justify-content:space-between;
    }
    .list-price{
        margin-top:5rpx;
    }
    .list-button{
        border:2rpx solid #FF205D;
        padding: 6rpx;
    }
```

4.2.3 "菜单"页面 js 文件

1. "菜单"页面前后端数据交互

（1）菜单页加载时，会运行 index.js 文件中的生命周期 onLoad 函数，并发送网络请求给后台 goodsList 接口。前后端数据交互如图 4-7 所示。

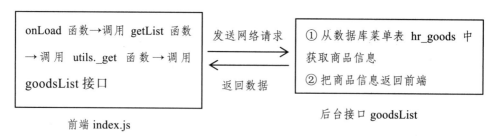

图 4-7　菜单页面加载时前后端数据交互

单击微信开发者工具中的"项目"→"导入项目"，导入本教材素材库中提供的点

84

餐小程序。打开调试器，打开"菜单"页面，单击调试器→Network→XHR→goodsList
接口→Headers，可以查看接口地址和网络请求方式 Request Method 的值，如图 4-8
所示。

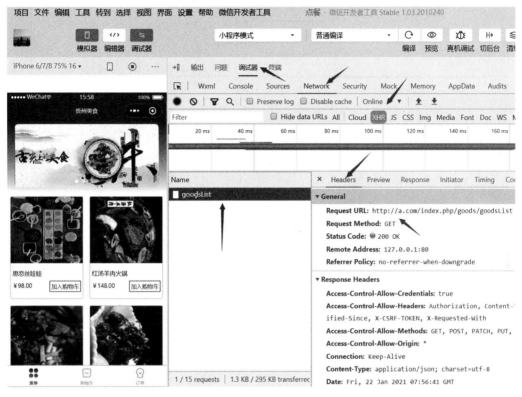

图 4-8　goodsList 接口地址

单击 Preview，可以查看 goodsList 接口返回给前端的数据，如图 4-9 所示。

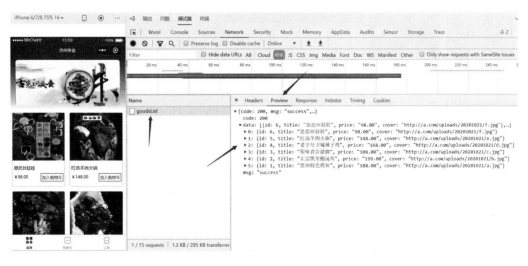

图 4-9　goodsList 接口返回给前端的数据

（2）点击"加入购物车"时，会运行 index.js 文件中的 addCart 事件函数，并发送网络请求给后台 add 接口，前后端数据交互如图 4-10 所示。

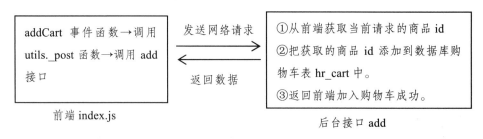

图 4-10 点击"加入购物车"时前后端数据交互

在导入的点餐小程序项目中，在菜单页面中分别单击"思恋丝娃娃"和"红汤羊肉火锅"中的"加入购物车"按钮，每单击一次"加入购物车"，就会触发一次事件，因此在调试器中会出现两个 add 接口。单击 add 接口，单击 Headers，可以查看接口地址和网络请求方式 Request Method 的值，如图 4-11 所示。还可以查看 add 接口接收的前端数据，如图 4-12 所示。

单击 Preview，可以查看 add 接口返回给前端的数据，如图 4-13 所示。

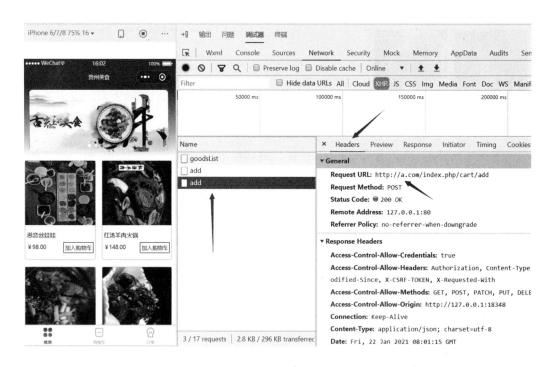

图 4-11 add 接口地址和网络请求方式

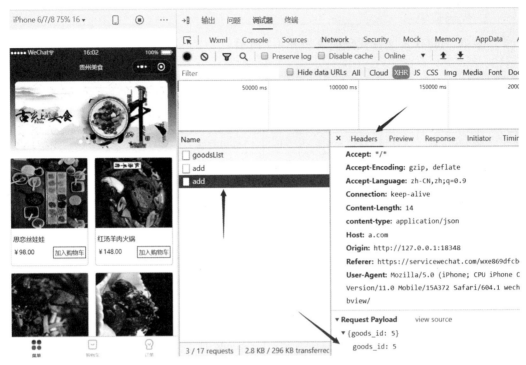

图 4-12　add 接口接收的前端数据

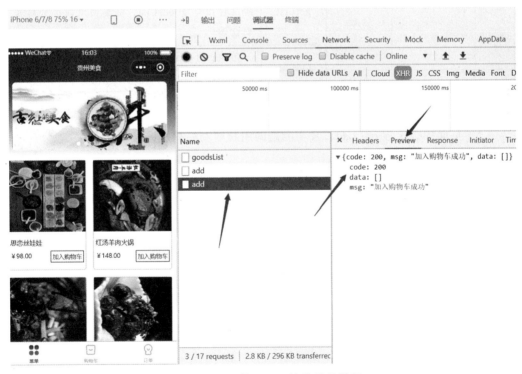

图 4-13　add 接口返回给前端的数据

2. 代码模块

"菜单" index.js 文件代码模块如表 4-7 所示。

表 4-7　index.js 文件代码模块

序号	模块			说明
①	const utils = require('../../utils/util.js');			引入 utils.js 文件

②	Page	初始数据	data	初始数据：
				// 轮播图
				movies: [
				　　{ url: '/static/banner1.jpg'},
				　　{ url: '/static/banner2.jpg'},
				　　{ url: '/static/banner3.jpg'},
				　　{ url: '/static/banner4.jpg'}
				],
				//商品列表
				goods: []

		函数	onLoad	功能：调用 getList
			getList	功能：调用 utils._get 函数，发送网络请求给后台接口 goodsList，并返回商品信息数据到前端
			addCart	功能：调用 utils._post 函数，发送网络请求给后台接口 add

3. 功能函数

（1）页面加载函数 onLoad，其功能是调用获取商品列表，代码如下：

```
onLoad: function () {
    var that = this;
    that.getList();
},
```

（2）普通函数 getList，其功能是页面加载时调用获取商品列表，代码如下：

```
/**
 * 获取商品列表
 */
getList: function (param) {
    var that = this;
    wx.showLoading({
```

```
      title: '加载中...',
      mask: true
    })
    // 使用 util.js 文件中_get 模块
    utils._get('goods/goodsList', param || {}, function (res) {
      // console.log(res)
      wx.hideLoading();
      var result = res.data.data;
      that.setData({
        goods: result,
      })
    });
  },
```

（3）事件函数 addCart，其功能是加入购物车，代码如下：

```
/**
 * 加入购物车事件
 */
addCart: function (e) {
    // 获取响应事件组件的 id 值
    var goods_id = e.target.dataset.id;
    //把 goods_id 值给 param 参数
    var param = {
      'goods_id': goods_id
    };
    wx.showLoading({
      title: '加载中...',
      mask: true
    })
    // 使用 util.js 文件中的_post 模块
    utils._post('.cart/add', param, function (res) {
      wx.hideLoading();
      if (200 == res.data.code) {
        wx.showToast({
          title: res.data.msg || '操作成功',
          icon: 'success',
          duration: 2000
```

```
              })
              return;
          }
        wx.showToast({
            title: res.data.msg || '操作失败',
            icon: 'none',
        })
    });
},
```

（4）index.js 文件完整的代码如下：

```
//index.js
// 引入 utils.js 文件
const utils = require('../../utils/util.js');

Page({
  data: {
      // 轮播图
      movies: [
          { url: '/static/banner1.jpg'},
          { url: '/static/banner2.jpg'},
          { url: '/static/banner3.jpg'},
          { url: '/static/banner4.jpg'}
      ],
      //商品列表
      goods: []
  },
  onLoad: function () {
      var that = this;
      that.getList();
  },
  /**
    * 获取商品列表
    * @param {*} param
    */
  getList: function (param) {
      var that = this;
```

```javascript
wx.showLoading({
    title: '加载中...',
    mask: true
})
// 使用 util.js 文件中的_get 模块
utils._get('goods/goodsList', param || {}, function (res) {
    // console.log(res)
    wx.hideLoading();
    var result = res.data.data;
    that.setData({
        goods: result,
    })
});
},


/**
 * 加入购物车事件
 */
addCart: function (e) {
    // 获取响应事件组件的 id 值
    var goods_id = e.target.dataset.id;
    var param = {
        'goods_id': goods_id
    };
    wx.showLoading({
        title: '加载中...',
        mask: true
    })
    // 使用 util.js 文件中的_post 模块
    utils._post('cart/add', param, function (res) {
        wx.hideLoading();
        if (200 == res.data.code) {
            wx.showToast({
                title: res.data.msg || '操作成功',
                icon: 'success',
                duration: 2000
```

```
        })
        return;
    }
    wx.showToast({
        title: res.data.msg || '操作失败',
        icon: 'none',
    })
    });
},

})
```

4.3 制作"购物车"页面

制作"购物车"页面

4.3.1 "购物车"页面 wxml 文件

"购物车"页面包括右上角的"编辑"、中间的商品信息和下面的"结算"。购物车页面效果和框架结构如图 4-14 所示。

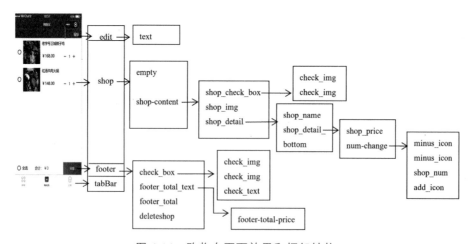

图 4-14 购物车页面效果和框架结构

（1）"编辑/完成"框架。

"购物车"页面右上角可以实现"编辑"和"完成"的切换。当点击右上方的"编辑"时，会切换成"完成"，并且右下方显示"删除"；当点击右上方的"完成"时，会切换成"编辑"，并且右下方显示"结算"，如图 4-15 所示。

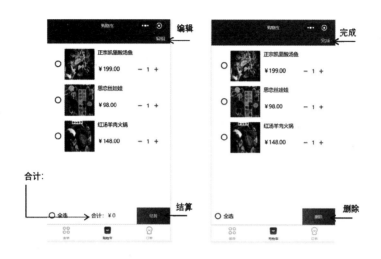

图 4-15 购物车"编辑"和"完成"的切换

"编辑/完成"效果和框架结构如图 4-16 所示。

图 4-16 "编辑/完成"效果和框架结构

"编辑/完成"框架对应的 wxml 代码如下：

```
<view class="edit">
    <text catchtap='adminTap'>{{adminShow?'完成':'编辑'}}</text>
</view>
```

代码说明：

① text 组件绑定了点击事件，事件函数名为 adminTap。

② text 组件内容为三元运算表达式，adminShow 值为真时，显示"完成"；adminShow 值为假时，显示"编辑"。

（2）"购物车"页面有以下两种情况：购物车是空的和购物车有商品，如图 4-17 所示。代码如下：

```
<view class="empty" wx:if="{{items.length==0}}">购物车是空的</view>
```

重要说明：每种商品信息中的数据都是从数据库中读取的，因此商品数据都需要数据绑定。

view 组件使用了条件渲染 wx:if="{{items.length==0}}"，当购物车 item 数组长度为 0 时，显示"购物车是空的"。

图 4-17　无商品和有商品购物车

（3）每种商品信息效果和框架结构如图 4-18 所示。

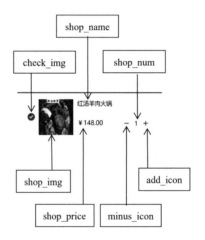

图 4-18　每种商品信息效果和框架结构

每种商品信息对应的 wxml 代码如下：

```
<view class="shop-content" wx:for="{{items}}" wx:key="key">
    <!-- 商品前面的复选框 -->
    <view class="shop_check_box" data-index="{{index}}" catchtap="checkTap">
        <!-- 默认复选框为未选中 -->
        <image class="check_img" hidden="{{item.check}}" src="/static/
flase.png"></image>
        <!-- 复选框为选中 -->
        <image class="check_img" hidden="{{!item.check}}" src="/static/true.
png"></image>
```

94

```
        </view>
        <!-- 商品图片 -->
        <image class="shop_img" src="{{item.cover}}" mode="aspectFill"></image>
        <!-- 商品详情 -->
        <view class="shop_detail">
            <!-- 商品名称 -->
            <text class="shop_name">{{item.goods_name}}</text>
            <!-- 商品详情第二行 -->
            <view class="shop_detail_bottom">
                <!-- 商品价格 -->
                <text class="shop_price">￥{{item.price}}</text>
                <!-- 商品数量改变 -->
                <view class="num_change">
                    <!-- -减号 -->
                    <image class="minus_icon" hidden="{{item.num<2}}" src="
/static/jian.png" data-index="{{index}}"
                            data-types="minus"    data-id="{{item.id}}"    catchtap=
"numchangeTap">
                    </image>
                    <image class="minus_icon" hidden="{{item.num>=2}}" src=
"/static/jian.png">
                    </image>
                    <!-- 数量 -->
                    <text class="shop_num">{{item.num}}</text>
                    <!-- 加号 -->
                    <image class="add_icon" data-index="{{index}}" data-types=
"add" data-id="{{item.id}}" catchtap="numchangeTap"
                            src="/static/jia.png">
                    </image>
                </view>
            </view>
        </view>
    </view>
```

重要说明：

以上代码数据绑定和绑定事件如下：

① 商品列表：使用类名为 shop-contentview 组件，使用列表渲染 wx:for="{{items}}"。

② 复选框：设置绑定事件，函数名为 checkTap。

未选中：使用类名为 check_img 的 image 组件，设置隐藏属性 hidden="{{item.check}}"，设置 src='/static/flase.png'>。

选中：使用类名为 check_img 的 image 组件，设置隐藏属性 hidden="{{!item.check}}"，设置 src="/static/true.png"。

③ 商品图片：属性 src 值为{{item.cover}}。

④ 商品名称：内容为{{item.goods_name}}。

⑤ 商品价格：内容为{{item.price}}。

⑥ 减号-：使用 image 组件，类名为 minus_icon，设置隐藏属性 hidden="{{item.num<2}}"，设置 src="/static/jian.png"，自定义数据 data-index='{{index}}，自定义数据 data-types="minus"，自定义数据 data-id="{{item.id}}"，点击事件函数为 numchangeTap。

⑦ 减号-：第 2 个减号组件，设置隐藏属性 hidden="{{item.num >=2}}"，src="/static/jian.png"。

⑧ 数量：使用 text 组件，内容为{{item.num}}。

⑨ 加号+：使用 image 组件，自定义数据 data-index="{{index}}" data-types="add" data-id="{{item.id}}"，绑定事件，函数名为 numchangeTap。

（4）"购物车"中底部结算效果和框架结构如图 4-19 所示。

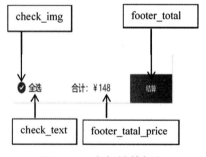

图 4-19　底部结算框架

结算对应的 wxml 代码如下：

```
<!-- 结账 -->
<view class="footer">
    <!-- 复选框和全选文字-->
    <view class="check_box" catchtap="allcheckTap">
        <!-- 默认复选框为未选中 -->
        <image  class="check_img"  src="/static/flase.png"  hidden="{{checkedAll}}">
</image>
        <!-- 复选框为选中 -->
        <image  class="check_img"  src="/static/true.png"  hidden="{{!checkedAll}}">
```

```
</image>
            <!-- 全选 -->
            <text class="check_text">全选</text>
        </view>
        <!-- 合计 -->
        <text class="footer_total_text" hidden="{{adminShow}}">合计：<text class=
"footer_total_price"> ￥{{total}}</text>
        </text>
        <!-- 结算 -->
        <text class="footer_total" hidden="{{adminShow}}" catchtap="goClearing">结
算</text>
        <!-- 删除 -->
        <text class="deleteshop" catchtap="delete" hidden="{{!adminShow}}">删 除
</text>
    </view>
```

代码说明：

① 类名为 check_box 的 view 组件：绑定点击事件，函数名为 allcheckTap。

② 未选中框：使用类名为 check_img 的 image 组件，设置隐藏 hidden={{checkedAll}}。

③ 选中框：使用类名为 check_img 的 image 组件，设置隐藏 hidden={{!checkedAll}}。

④ 合计：使用类名为 footer_total_text 的 text 组件，设置隐藏 hidden='{{adminShow}}'。

⑤ 结算：使用类名为 footer_total 的 text 组件，设置隐藏 hidden='{{adminShow}}'，设置绑定点击事件函数为 goClearing。

⑥ 删除：使用类名为 deleteshop 的 text 组件，设置绑定点击事件函数名为 delete，设置隐藏 hidden='{{{!adminShow}}}'。

4.3.2 "购物车"页面 wxss 文件

"购物车"页面包括右上角的"编辑"、中间的商品信息和下面的"结算"。下面分别对这几部分进行 wxss 样式设置。

（1）"编辑/完成"效果和框架结构如图 4-20 所示。

图 4-20 "编辑/完成"效果和框架结构

97

"编辑/完成"的 wxss 样式设置如表 4-8 所示。

表 4-8　head 内的 wxss 样式设置

序号	选择器	样式内容
①	.edit	宽度、高度、背景颜色、行高、固定定位、顶上位置为 0、弹性布局、右对齐
②	.edit>text	右外边距、文字颜色、文字大小

"编辑/完成"的 wxss 样式代码如下：

```
.edit {
    width: 100%;
    height: 60rpx;
    background-color: #FF205D;
    line-height: 31px;
    position: fixed;
    top: 0px;
    display: flex;
    justify-content: flex-end;
}

.edit>text {
    margin-right: 15px;
    color: white;
    font-size: 28rpx;
}
```

（2）每种商品信息的效果和框架结构如图 4-21 所示。

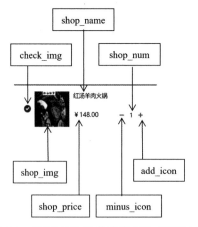

图 4-21　每种商品信息的效果和框架结构

98

每种商品信息的 wxss 样式设置如表 4-9 所示。

表 4-9　每种商品信息的 wxss 样式设置

序号	选择器	样式内容
1	.shop	宽度、顶上内边距、底下内容边距、自适应居中、底下外边距
2	.empty	文本水平居中、内边距、文字颜色
3	.shop-content	底下外边距、溢出隐藏、弹性布局
4	.shop_check_box	顶上外边距、左边外边距
5	.check_img	宽度、高度、顶上外边距、左边外边距
6	.shop_img	宽度、高度、外边距
7	.shop_detail	该元素 flex 为 1 即填满剩下的宽、右外边距
8	.shop_name	文字大小、行高
9	.shop_detail_bottom	弹性布局、顶上外边距
10	.shop_price	行高、该元素 flex 为 1 即填满剩下的宽
11	.num_change	弹性布局、顶上内边距
12	.minus_icon	宽度、高度
13	.shop_num	行高、高度、宽度、文本居中、文字大小
14	.add_icon	宽度、高度

每种商品信息的 wxss 样式代码如下：

```
/* 商品 */

.shop {
    width:92%;
    padding-top: 90rpx;
    padding-bottom:20rpx;
    margin: auto;
    margin-bottom:30rpx;
}
.empty{
    text-align: center; padding: 20px; color: #6c6c6c;
}
.shop-content{
```

```css
    margin-bottom:15px;
    overflow: hidden;
    display:flex;
}

.shop_check_box {
    margin-top: 45rpx;
    margin-left:1%;
}
.check_img {
    width: 38rpx;
    height: 38rpx;
    margin-top: 26rpx;
    margin-left:20rpx;
}
.shop_img {
    width: 180rpx;
    height: 180rpx;
    margin: 0 20rpx;
}

.shop_detail {
    flex: 1;
    margin-right:5%;
}

.shop_name {
    font-size: 30rpx;
    line-height: 40rpx;

}

.shop_detail_bottom {
    display: flex;
    margin-top:26px;
}

.shop_price {
```

```
    line-height: 50rpx;
    flex: 1;
}

.num_change {
    display: flex;
    padding-top: 11rpx;

}
.add_icon,.minus_icon {
    width: 38rpx;
    height: 38rpx;
}
.shop_num {
    line-height: 38rpx;
    height: 38rpx;
    width: 60rpx;
    text-align: center;
    font-size: 30rpx;

}
```

（3）结算框架效果和框架结构如图 4-22 所示。

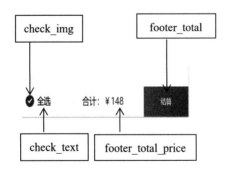

图 4-22　结算效果和框架结构

结算框架的 wxss 样式设置如表 4-10 所示。

表 4-10　结算框架的 wxss 样式设置

序号	选择器	样式内容
1	.footer	宽度、高度、固定定位、底下 0px、背景色、弹性布局
2	.check_box	该元素 flex 为 1 即填满剩下的宽，弹性布局、行高、文字大小

序号	选择器	样式内容
3	.check_img	宽度、高度、顶上外边距、左边外边距
4	.check_text	左外边距、行高
5	.footer_total_text	文字颜色、行高、该元素 flex 为 1 即填满剩下的宽
6	.footer_total_price	文字颜色
7	.footer_total,.deleteshop	宽度、高度、背景色、文字大小、字颜色、文本水平居中、行高

结算框架的 wxss 样式代码如下:

```
/* footer 样式 */
.footer {
    width: 100%;
    height: 48px;
    position: fixed;
    bottom: 0px;
    background-color: white;
    display: flex;
}
.check_box {
    flex: 1;
    display: flex;
    line-height: 90rpx;
    font-size: 30rpx;
}
.check_text {
    margin-left: 15rpx;
    line-height: 90rpx;
}
.footer_total_text {
    /* font-size: 12px; */
    color: #25272D;
    line-height: 90rpx;
    flex:1;
```

```
}

.footer_total_price {
   color: #FF205D;
}

.footer_total,.deleteshop {
   width: 100px;
   height: 48px;
   background: -webkit-linear-gradient(right, #FF205D, #FF5A70);
   font-size: 12px;
   color: white;
   text-align: center;
   line-height: 48px;
}
```

4.3.3 "购物车"页面 js 文件

1. "购物车"页面前后端数据交互

（1）显示"购物车"页面时，会运行 cart.js 文件中的生命周期 onShow 函数，并发送网络请求给后台接口 cartList，前后端数据交互如图 4-23 所示。

单击 Preview，可以查看 cartList 接口返回给前端的数据，如图 4-25 所示。

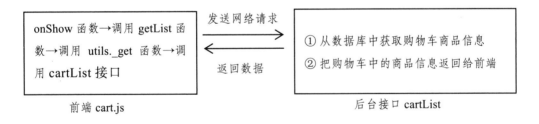

图 4-23　显示"购物车"页面前后端数据交互

在导入的点餐小程序项目中，在底部导航栏点击"购物车"。打开微信开发者工具的调试器，单击 cartList 接口，单击 Headers，可以查看接口地址和网络请求方式 Request Method 的值，如图 4-24 所示。

103

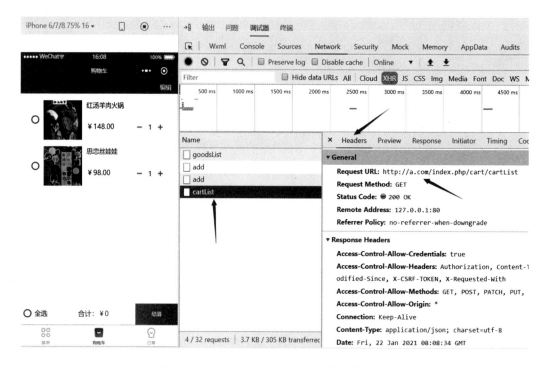

图 4-24　cartList 接口地址和网络请求方式

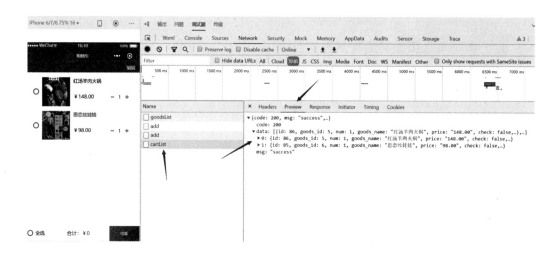

图 4-25　cartList 接口返回前端的数据

（2）在"购物车"页面，单击加号"+"或减号"–"时，会运行 cart.js 文件中的 numchangeTap 事件函数，并发送网络请求给后台接口 syncNum，前后端数据交互如图 4-26 所示。

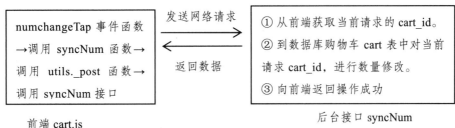

前端 cart.js　　　　　　　　　　　　　后台接口 syncNum

图 4-26　"购物车"页面单击加号或减号前后端数据交互

在导入的点餐小程序项目中，在"购物车"页面单击思恋丝娃娃加号"+"，在调试器中单击 syncNum 接口，单击 Headers，可以查看接口地址和网络请求方式 Request Method 的值，如图 4-27 所示。还可以查看接口从前端接收的数据，如图 4-28 所示。

单击 Preview，可以查看 goodsList 接口返回给前端的数据，如图 4-29 所示。

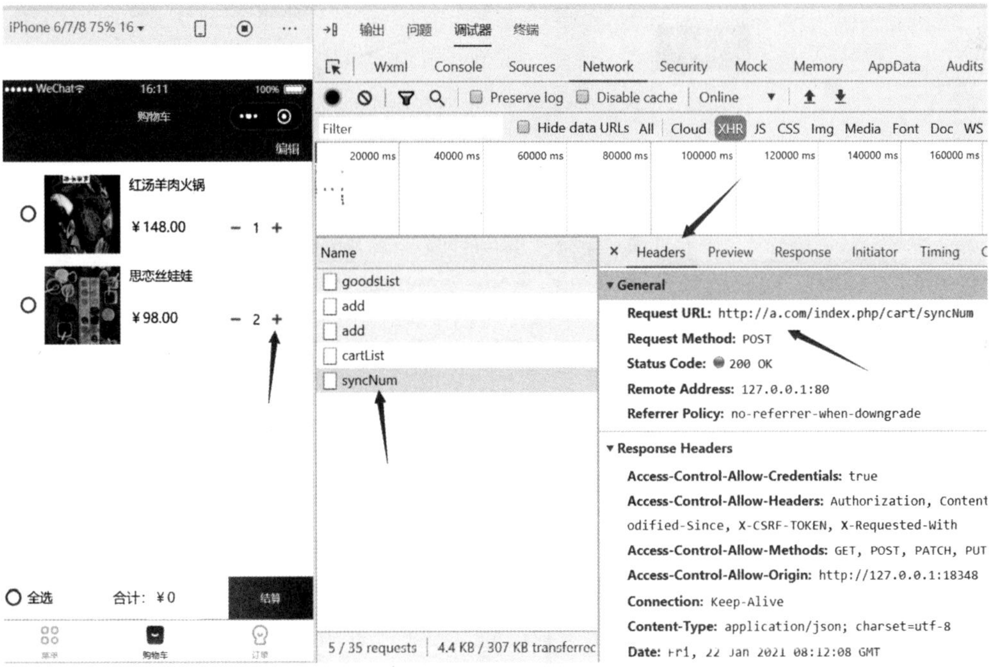

图 4-27　syncNum 接口地址和网络请求方式

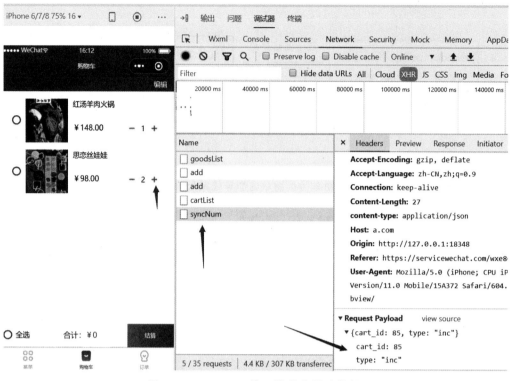

图 4-28　syncNum 接口接收的前端数据

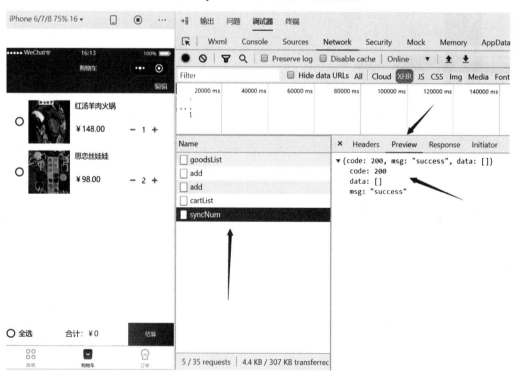

图 4-29　syncNum 接口返回给前端的数据

（3）在"购物车"页面，选择商品，单击右下角的"删除"时，会运行 cart.js 文件中的 delete 事件函数，并发送网络请求给后台接口 syncDelete，前后端数据交互如图 4-30 所示。

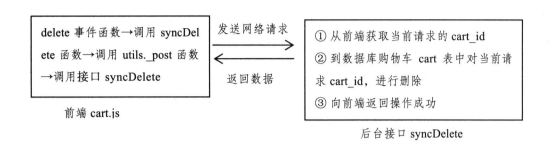

图 4-30 "购物车"页面单击"删除"前后端数据交互

在导入的点餐小程序项目中，在"购物车"页面，点击"编辑"，选择"红汤羊肉火锅"，点击"删除"，在调试器中，单击 syncDelete 接口，单击 Headers，可以查看接口地址和网络请求方式 Request Method 的值，如图 4-31 所示。还可以查看接口接收的前端数据，如图 4-32 所示。

单击 Preview，可以查看 syncDelete 接口返回给前端的数据，如图 4-33 所示。

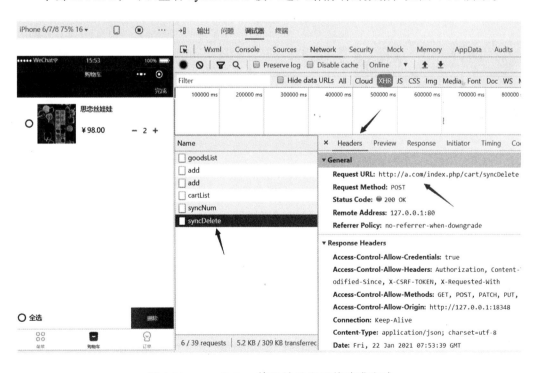

图 4-31 syncDelete 接口地址和网络请求方式

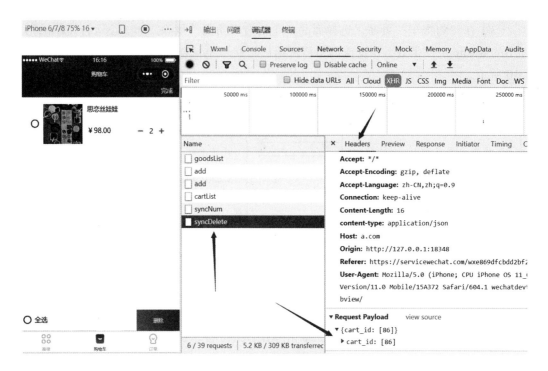

图 4-32　syncDelete 接口接收的前端数据

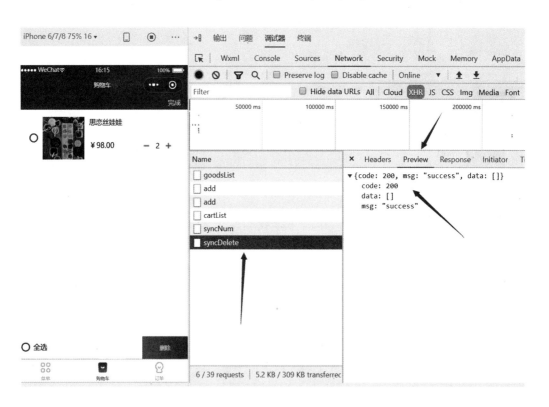

图 4-33　syncDelete 接口返回给前端的数据

（4）在"购物车"页面，选择商品后，单击"结算"按钮，会运行 cart.js 文件中的 goClearing 事件函数，跳转到确认订单页面，如图 4-34 所示。

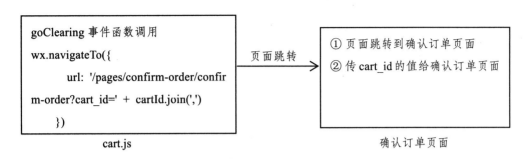

图 4-34　单击"结算"按钮跳转页面

在导入的点餐小程序项目中，在"购物车"页面中选择"思恋丝娃娃"，单击"结算"按钮，打开调试器，单击 Headers，可以查看跳转地址，如图 4-35 所示。还可以查看跳转页面时传递的参数，如图 4-36 所示。

单击 Preview，可以查看"确认订单"页面中，发送网络请求给 confirm 接口，返回给前端的数据，如图 4-37 所示。

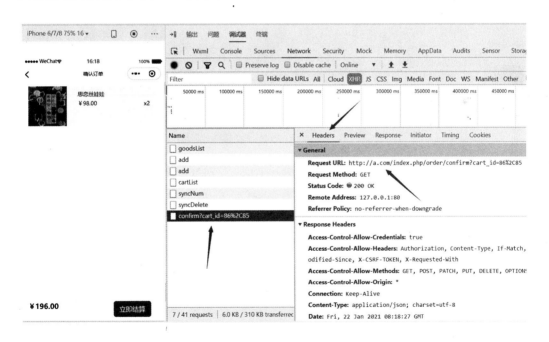

图 4-35　单击"结算"查看跳转地址

109

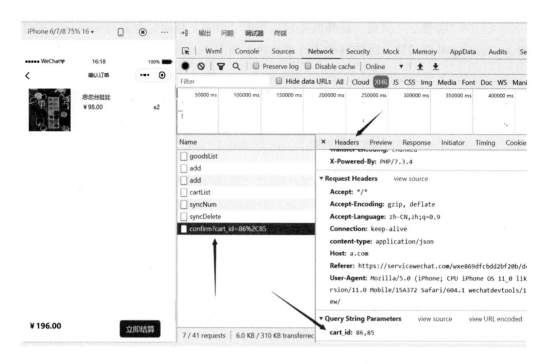

图 4-36 查看跳转页面时传递的参数

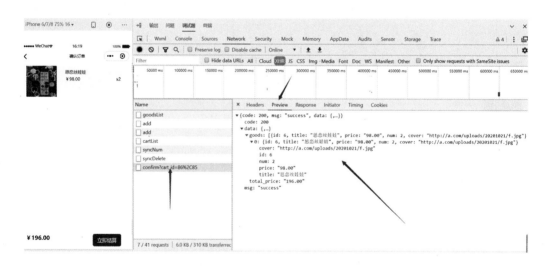

图 4-37 confirm 接口返回给前端的数据

2. 代码模块

"购物车" card.js 文件代码模块如表 4-11 所示。

表 4-11　card.js 文件代码模块

序号	代码划分			说明
①	const utils = require('../../utils/util.js');			引入 utils.js 文件
②	Page	初始数据	data	初始化以下数据： adminShow: false, //编辑 items: [], //购物车数据 total: 0, //总金额 checkedAll: false, //全选 checkedGoods: [], //已选择的商品
		函数	onShow	功能：调用 getList
			getList	功能：utils._get 函数，发送网络请求给后台接口 cartList，并返回购物车表中商品数据信息到前端
			adminTap	功能：切换显示"编辑"或"完成"
			checkTap	功能：点击单个复选框，如果选中了该商品，则计算商品价格
			judgmentAll	功能：判断是否为全选
			numchangeTap	功能：调用 syncNum 函数
			syncNum	功能：调用 utils._post 函数，发送网络请求给后台接口 syncNum。对选中的商品进行数量修改
			allcheckTap	功能：实现全选或全部未选中
			goClearing	功能：结算已选中商品，跳转到确认订单页面，并把购物车 id 号传给确认订单页面中 onLoad 中的 options 里
			delete	功能：调用 syncDelete 函数
			syncDelete	功能：调用 utils._post 函数，发送网络请求给后台接口 syncDelete

3. 功能函数

（1）页面显示生命周期函数 onShow，代码如下：

```
/**    * 生命周期函数--监听页面显示    */
onShow: function () {
  this.setData({
    items: [],
    checkedGoods: [],
```

```
        checkedAll: false,
        total: 0
    });
    // 加载商品列表
    this.getList();
},
```

（2）getList：获取购物车商品列表函数，代码如下：

```
getList: function () {
    var that = this;
    wx.showLoading({
        title: '加载中...',
        mask: true
    })
    utils._get('cart/cartList', {}, function (res) {
        // console.log(res)
        wx.hideLoading();
        var result = res.data.data;
        that.setData({
            items: result,
        })
    });
},
```

（3）adminTap 事件函数，代码如下：

```
//事件：点击编辑，切换编辑/完成
    adminTap: function () {
    this.setData({
        adminShow: !this.data.adminShow
    });
},
```

（4）checkTap：点击单个复选框事件函数，代码如下：

```
//事件：点击单个复选框
checkTap: function (e) {
    var Index = e.currentTarget.dataset.index, // 当前点击的商品索引
        cartData = this.data.items, // 所有商品列表
        total = this.data.total, // 已选择的商品总价
        checkedGoods = this.data.checkedGoods; // 已选择的商品信息
```

```
        cartData[Index].check = !cartData[Index].check ; // 设置商品选中状态
    // 如果选中了该商品，则计算商品价格
    if (cartData[Index].check) {
        total += cartData[Index].num * parseFloat(cartData[Index].price);
        checkedGoods.push(cartData[Index]);
    } else {
        // 取消选中则减少对应商品价格
        total -= cartData[Index].num * parseFloat(cartData[Index].price);
        // 从已选择的商品中删除该商品
        for (let i = 0, len = checkedGoods.length; i < len; i++) {
            if (cartData[Index].id == checkedGoods[i].id) {
                checkedGoods.splice(i, 1);
                break;
            }
        }
    }
    this.setData({
        items: cartData,
        total: parseFloat(total.toFixed(2)),
        checkedGoods: checkedGoods
    });
    this.judgmentAll(); //每次按钮点击后都判断是否满足全选的条件
},
```

（5）judgmentAll：判断是否为全选函数，代码如下：

```
//函数：判断是否为全选
    judgmentAll: function () {
        var cartData = this.data.items,
            shoplen = cartData.length,
            lenIndex = 0; //选中的物品的个数
        for (let i = 0; i < shoplen; i++) { //计算购物车选中的商品的个数

            if(cartData[i].check) {
                lenIndex++;
            }
        }
        this.setData({
```

113

checkedAll: lenIndex == shoplen //如果购物车选中的个数和购物车里货物的
总数相同，则为全选，反之为未全选

```
        });
    },
```

（6）numchangeTap：点击加号减号事件函数，代码如下：

```
//事件：点击加号减号
    numchangeTap: function (e) {
        var that = this;
        let index = e.currentTarget.dataset.index, //点击的商品的下标值
            cartData = this.data.items,
            types = e.currentTarget.dataset.types, //是加号还是减号
            cart_id = e.currentTarget.dataset.id, // 购物车 ID
            total = this.data.total; //总计

        switch (types) {
        case 'add':
            cartData[index].num++; //对应商品的数量+1
            cartData[index].check && (total += parseFloat(cartData[index].price)); //如
果商品为选中的，则合计价格+商品单价
            // 数据同步：type=inc 为增加，type=dec 为减少
            that.syncNum({
                'cart_id': cart_id,
                'type': 'inc'
            });
            break;
        case 'minus':
            cartData[index].num--; //对应商品的数量-1
            cartData[index].check && (total -= parseFloat(cartData[index].price)); //如
果商品为选中的，则合计价格-商品单价
            // 数据同步
            that.syncNum({
                'cart_id': cart_id,
                'type': 'dec'
            });
            break;
        }
```

```
    this.setData({
        items: cartData,
        total: parseFloat(total.toFixed(2))
    });
},
```

（7）syncNum：更改商品数量与数据库同步变化函数，代码如下：

```
//函数：数字会同步变化
    syncNum: function (param) {
        wx.showLoading({
            title: '加载中...',
            mask: true
        })
        utils._post('cart/syncNum', param || {}, function (res) {
            wx.hideLoading();
        });
    },
```

（8）allcheckTap：点击全选事件函数，代码如下：

```
    allcheckTap: function () {
        let cartData = this.data.items,
            checkedAll = !this.data.checkedAll, //点击全选后 checkedAll 变化
            total = 0;
        for (let i = 0, len = cartData.length; i < len; i++) {
            cartData[i].check = checkedAll; //所有商品的选中状态和 checkedAll 值一样
            if (checkedAll) { //如果为选中状态则计算商品的价格
                total += parseFloat(cartData[i].price) * cartData[i].num;
            }
        }
        this.data.checkedGoods = checkedAll ? cartData : []; //如果选中状态为 true, 那
么所有商品为选中状态，将物品加入选中变量，否则为空
        this.setData({ //把修改后的数据全部更新到 Pages 中的 data 数据中
            checkedAll: checkedAll,
            items: cartData,//把更新的购物车数组的值重新赋值给 items
            total: parseFloat(total.toFixed(2)),
            checkedGoods: this.data.checkedGoods
        });
    },
```

（9）goClearing：点击结算事件函数，代码如下：

```
goClearing: function () {
  var checkedGoods = this.data.checkedGoods
  var cartId = [];
  // 遍历已选择的商品，获取购物车 ID
  checkedGoods.forEach(function (value, index) {
    cartId.push(value.id);
  })
  if (cartId.length <= 0) {
    wx.showToast({
      title: '未选择任何商品',
      icon: 'none',
      duration: 2000
    })
    return;
  }

  wx.navigateTo({
    url: '/pages/confirm-order/confirm-order?cart_id=' + cartId.join(',')
  })
},
```

（10）delete：点击删除事件函数，代码如下：

```
delete: function () {
  var checkedAll = this.data.checkedAll, // 是否全选
    cartData = this.data.items, // 当前所有商品
    checkedGoods = this.data.checkedGoods, // 已选择的商品
    deleteCartId = []; // 要删除的购物车 ID
  if (checkedAll) {
    // 如果是全选则删除所有的商品
    cartData.forEach(function (value, index) {
      // 将要删除的购物车 ID 存入 deleteCartId 变量
      deleteCartId.push(value.id);
    })
    cartData = [];
    this.setData({
      checkedAll: false
```

```
        });
    } else {
        // 否则删除已选择的商品，len 是勾选的长度
        for (var i = 0, len = checkedGoods.length; i < len; i++) { //将选中的商品从购
物车移除
            // lens 就是整个列表的数据长度-1
            for (var lens = cartData.length - 1, j = lens; j >= 0; j--) {
                if (checkedGoods[i].id == cartData[j].id) {
                    cartData.splice(j, 1); // 从当前列表移除已选择的商品
                    deleteCartId.push(checkedGoods[i].id); // 将要删除的购物车 ID 存入
deleteCartId 变量
                }
            }
        }
    }
    // 如果存在要删除的商品则同步删除数据库数据，syncDelete 是自定义方法
    if (deleteCartId.length > 0) {
        this.syncDelete({ 'cart_id': deleteCartId });
    }
    this.setData({
        items: cartData,
        total: 0
    });
},
```

（11）syncDelete：同步删除数据库购物车数据函数，代码如下：

```
//函数：同步删除数据库购物车数据
    syncDelete: function (param) {
        wx.showLoading({
            title: '加载中...',
            mask: true
        })
        utils._post('cart/syncDelete', param || {}, function (res) {
            wx.hideLoading();
        });
    },
```

4.4 制作"确认订单"页面

制作"确认订单"页面

4.4.1 "确认订单"wxml 文件

在"确认订单"页面，上面是订单商品信息，底部是"立即结算"按钮。"确认订单"页面效果和框架结构如图 4-38 所示。

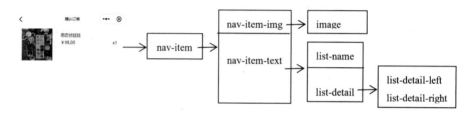

图 4-38 "确认订单"页面效果和框架结构

（1）每个订单商品信息效果和框架结构如图 4-39 所示。

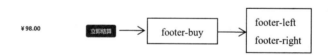

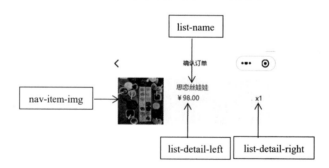

图 4-39 订单商品信息效果和框架结构

订单商品信息对应的 wxml 代码如下：

```
<view  class="nav-item"  wx:for="{{items.goods}}"  wx:for-index="index"  wx:key=
```

```
"key">
    <view class="nav-item-img">
        <image    src="{{item.cover}}"></image>
    </view>
    <view class="nav-item-text">
        <view class="list-name">{{item.title}}</view>
        <view class="list-detail">
            <text class="list-detail-left">￥{{item.price}}</text>
            <text class="list-detail-right">x{{item.num}}</text>
        </view>
    </view>
</view>
```

重要说明：每种商品信息中的数据都是从数据库中读取的，因此商品数据都需要数据绑定。

商品信息框架中数据绑定如表 4-12 所示。

表 4-12　商品信息框架中数据绑定

序号	名称	使用组件	类名	组件部分 属性、内容	说明
①	商品列表	view	nav-item	wx:for="{{items.goods}}"	列表渲染，数组名为 items.goods
②	商品图片	image		src="{{item.cover}}"	src 属性值绑定了数组中当前元素的 cover 值
③	商品标题	view	list-name	<view class="list-name">{{item.title}}</view>	view 内容绑定了 items.goods 数组中当前元素的 title 值
④	商品价格	text	list-detail-left	<text class="list-detail-left">￥{{item.price}}</text>	text 内容绑定了 items.goods 数组中当前元素的 price 值
⑤	商品数量	text	list-detail-right	<text class="list-detail-right">x{{item.num}}</text>	text 内容绑定了 items.goods 数组中当前元素的 num 值

（2）立即结算效果和框架结构如图 4-40 所示。

图 4-40　立即结算效果和框架结构

立即结算对应的 wxml 代码如下：

```
<view class="footer-buy">
    <view class="footer-left"> ¥ {{items.total_price}}</view>
    <view class="footer-right" bindtap="submitOrder">立即结算</view>
</view>
```

立即结算中数据绑定和事件绑定如表 4-13 所示。

表 4-13　立即结算中数据绑定和事件绑定

序号	名称	使用组件	类名	组件部分属性、内容	说明
①	金额	view	footer-left	`<view class="footer-left"> ¥ {{items.total_price}} </view>`	view 内容绑定了 items. total_price 值
②	立即结算	view	footer-right	`bindtap="submitOrder"`	绑定了事件，函数名为 submitOrder

4.4.2　"确认订单" wxss 文件

（1）每个订单商品信息效果和框架结构如图 4-41 所示。

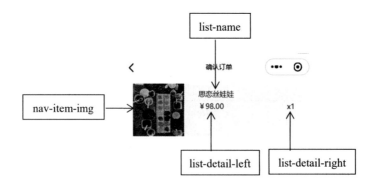

图 4-41　每个订单商品信息效果和框架结构

每个订单商品的 wxss 样式设置如表 4-14 所示。

表 4-14　每个订单商品的 wxss 样式设置

序号	选择器	样式内容
1	.nav-item	宽度、高度、居中、背景色、顶上间距、边框圆角、底下外边距、弹性布局
2	.nav-item-img	宽度、高度
3	.nav-item-img>image	宽度、高度
4	.nav-item-text	宽度、高度、文字大小、文本左对齐
5	.list-name	文字颜色、溢出隐藏、顶上外边距、右外边距
6	.list-detail	弹性布局、顶上外边距、space-between 两端对齐，项目之间的间隔都相等
7	.list-detail-left	文字颜色
8	list-detail-right	文字颜色、右外边距

每个订单商品的 wxss 样式代码如下：

```
.nav-item{
  width:90%;
  height:100px;
  margin: auto;
  background-color:#FAFAFB;
  margin-top:10px;
  border-radius:8px;
  margin-bottom:10px;
  display:flex;
}
.nav-item-img{
  width:38%;
  height:100px;

}
.nav-item-img>image{
  width:100px;
  height:100px;
}

.nav-item-text{
  width:62%;
  height:100px;
```

```
        font-size:28rpx;
        text-align: left;
    }
    .list-name{
        color:#25272D;
        overflow: hidden;
        margin-top:10px;
        margin-right:10px;
    }
    .list-detail{
        display: flex;
        margin-top:5px;
        justify-content: space-between;
    }

    .list-detail-left{
        color:#FF205D;

    }
    .list-detail-right{
        color:#25272D;
        margin-right:40rpx;

    }
```

（2）立即结算效果和框架结构如图 4-42 所示。

图 4-42　立即结算效果和框架结构

立即结算的 wxss 样式设置如表 4-15 所示。

表 4-15　立即结算的 wxss 样式设置

序号	选择器	样式内容
1	.footer-buy	宽度、高度、固定定位、底下 10px、自适应居中、弹性布局、space-between 两端对齐，项目之间的间隔都相等
2	.footer-left	文字大小、颜色、加粗、左内边距
3	.footer-right	宽度、高度、背景色、文本水平居中、行高、文字大小、文字颜色、倒圆角边框

立即结算的 wxss 样式代码如下：

```
.footer-buy{
    width: 90%;
    height: 40px;
    position: fixed;
    bottom: 10px;
    margin: auto;
    display: flex;
justify-content: space-between;
}

.footer-left{
    font-size: 18px;
    color:#131626;
    font-weight: 600;
    padding-left: 5%;
}
.footer-right{
    width: 98px;
    height: 40px;
    background-color:#FF205D;
    text-align: center;
    line-height: 40px;
    font-size: 34rpx;
    color:#FFFFFF;
    border-radius: 6px;

}
```

4.4.3 "确认订单" js 文件

1. "确认订单"页面前后端数据交互

（1）在"购物车"页面点击"结算"时，将会跳转到"确认订单"页面，加载"确认订单"页面，运行 confirm-order.js 文件中的生命周期 onLoad 函数，并发送网络请求给后台接口 confirm，前后端数据交互如图 4-43 所示。

在 4.3.3 节点击"购物车"页面中的"结算"时，已经跳转到"确认订单"页面，并加载"确认订单"页面，单击 Preview，可以查看 confirm 接口返回给前端的数据，如图 4-44 所示。

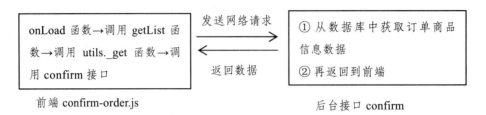

图 4-43 加载显示"确认订单"页面前后端数据交互

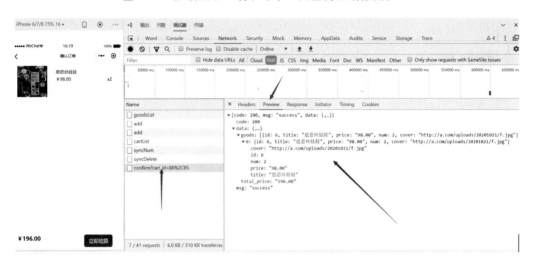

图 4-44 confirm 接口返回给前端的数据

（2）在"确认订单"页面单击"立即结算"时，会运行 confirm-order.js 文件中的 submitOrder 事件函数，并发送网络请求给后台接口 submitOrder，前后端数据交互如图 4-45 所示。

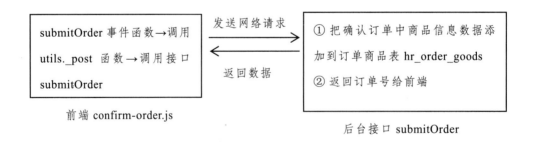

图 4-45 立即结算时页面前后端数据交互

在导入的点餐小程序项目中，在"确认订单"页面单击"立即结算"，打开调试器，单击 submitOrder 接口，单击 Headers，可以查看接口地址和网络请求方式 Request

Method 的值，如图 4-46 所示。还可以查看接口接收的前端数据，如图 4-47 所示。

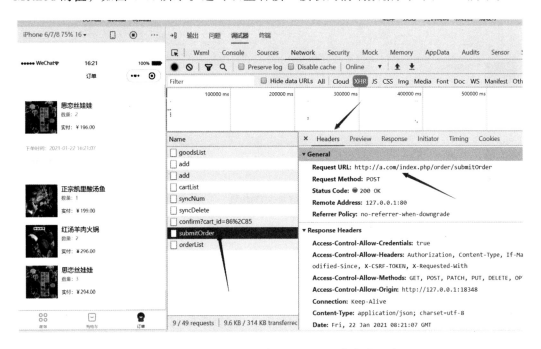

图 4-46　submitOrder 接口地址和网络请求方式

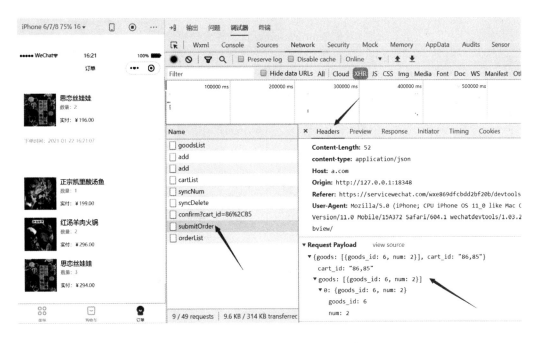

图 4-47　submitOrder 接口接收的前端数据

单击 Preview，可以查看 submitOrder 接口返回给前端的数据，如图 4-48 所示。

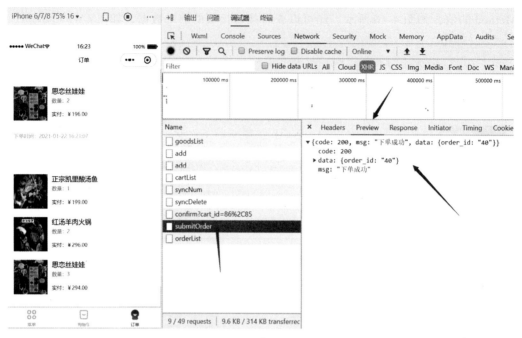

图 4-48　submitOrder 接口返回给前端的数据

2. 代码模块

confirm-order.js 文件代码模块如表 4-16 所示。

表 4-16　confirm-order.js 文件代码模块

序号	代码划分			说明
①	const utils = require('../../utils/util.js');			引入 utils.js 文件
②	Page	初始数据	data	初始化以下数据： items: {}, //商品信息 goodsData: [],　//要购买的商品信息 cartIds: '', // 购物车 id
		函数	onLoad	功能：调用 getList 函数
			getList	功能：调用 utils._get，发送网络请求给后台 confirm 接口，获取要购买的商品列表
			submitOrder	功能：发送网络请求给后台 submitOrder 接口，把商品信息存入订单商品表

3. 功能函数

（1）页面加载函数 onLoad，代码如下：

```
 * 生命周期函数--监听页面加载

*/
```

126

```
onLoad: function (options) {
    var that = this;
    if (options.cart_id) {
        that.setData({ cartIds: options.cart_id });
    }
    that.getList({
        'cart_id': options.cart_id ? options.cart_id : '', // 存在购物车 ID 则表示从购物
车中购买
    });
},
```

（2）getList：获取商品列表函数，代码如下：

```
/**
    * 获取商品列表
    * @param {*} param
    */
getList: function (param) {
    var that = this;
    wx.showLoading({
        title: '加载中...',
        mask: true
    })
    // 获取要购买的商品信息
    utils._get('order/confirm', param || {}, function (res) {
        // console.log(res)
        wx.hideLoading()
        var result = res.data.data
        var goods = []
        for (var key in result.goods) {
            goods.push({
                'goods_id': result.goods[key]['id'],
                'num': result.goods[key]['num']
            });
        }
        that.setData({
            items: result,
            goodsData: goods,
```

```
        })
    });
},
```

（3）submitOrder 事件函数，代码如下：

```
// 提交订单事件
submitOrder: function () {
    var that = this;

    wx.showModal({
        title: '提示',
        content: '确认提交订单吗？',
        success(res) {
            if (res.confirm) {
                // 用户点击确定

                wx.showLoading({
                    title: '加载中...',
                    mask: true
                })
                // 提交订单
                utils._post('order/submitOrder', { 'goods': that.data.goodsData, 'cart_id':
that.data.cartIds }, function (res) {
                    // console.log(res)
                    wx.hideLoading();
                    if (200 == res.data.code) {
                        wx.showToast({
                            title: res.data.msg || '操作成功',
                            icon: 'none',
                        })
                        setTimeout(function () {
                            wx.switchTab({
                                url: '../my-order/my-order'
                            });
                        }, 1500)
                        return;
                    }
                    wx.showToast({
```

```
        title: res.data.msg || '操作失败',
        icon: 'none',
      })



    });
  } else if (res.cancel) {
    // 用户点击取消
    wx.showToast({
      title: '取消支付',
      icon: 'none',
    })
  }
  }
  })
},
```

4.5 制作"订单"页面

制作"订单"页面

4.5.1 "订单"wxml 文件

"订单"页面效果和框架结构如图 4-49 所示。

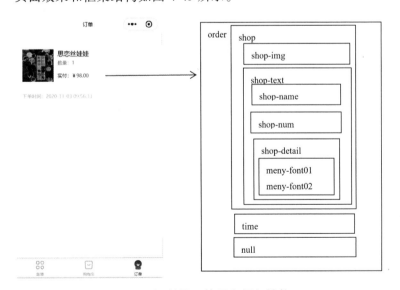

图 4-49 订单页面效果和框架结构

"订单" my-order.wxml 文件对应的 wxml 代码如下：

```
<view class="order" wx:for="{{items}}" wx:for-item="order" wx:for-index="index" wx:key="key">
    <view class="shop" wx:for="{{order.goods}}" wx:for-item="item" wx:for-index="i" wx:key="k">
        <image class="shop-img" src="{{item.goods_cover}}"></image>
        <view class="shop-text">
            <view class="shop-name">{{item.goods_name}}</view>
            <view class="shop-num">数量：{{item.total_num}}</view>
            <view class="shop-detail">
                <text class="meny-font01">实付：</text>
                <text class="meny-font02">￥{{item.total_price}}</text>
            </view>
        </view>
    </view>
    <view class="time">下单时间：{{order.create_time}}</view>
    <view class="null"></view>
</view>
```

重要说明：每种商品信息中的数据都是从数据库中读取的，因此商品数据都需要数据绑定。

"订单" my-order.wxml 文件中数据绑定如表 4-17 所示。

表 4-17 "订单"框架中各组件及部分属性

序号	名称	使用组件	类名	组件部分属性、内容	说明
①	订单列表	view	order	wx:for="{{items}}"	列表渲染，数组名为 items
②	商品列表	view	shop	wx:for="{{order.goods}}"	列表渲染，数组名为 order.goods
③	商品标题	view	list-name	<view class="list-name">{{item.title}}</view>	view 内容绑定了{{item.title}}
④	商品价格	text	list-detail-left	<text class="list-detail-left">￥{{item.price}}</text>	text 内容绑定了{{item.price}}
⑤	商品数量	text	list-detail-right	<text class="list-detail-right">x{{item.num}}</text>	text 内容绑定了{{item.num}}

序号	名称	使用组件	类名	组件部分属性、内容	说明
⑥	支付金额	text	meny-font02	`<text class="meny-font02">￥{{item.total_price}}</text>`	text 内容绑定了{{item.total_price}}
⑦	下单时间	view	time	`<view class="time">下单时间：{{order.create_time}}</view>`	view 内容绑定了{{order.create_time}}

4.5.2 "订单" wxss 文件

（1）"订单"页面效果和框架结构如图 4-50 所示。

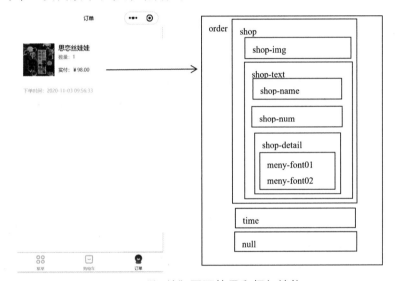

图 4-50 "订单"页面效果和框架结构

（2）"订单"页面中 wxss 样式设置如表 4-18 所示。

表 4-18 "订单"页面 wxss 样式设置

序号	选择器	样式内容
1	.order	宽度、高度、背景色、内边距、上外边距、溢出
2	.shop	宽度、高度、上外边距、弹性布局
3	.shop-img	宽度、高度
4	.shop-text	Flex=1、宽度、高度、左外边距
5	.shop-name	文字大小、文字颜色、溢出
6	.shop-num	文字大小、文字颜色、上外边距、底外边距
7	.shop-detail	文字大小、文字颜色

序号	选择器	样式内容
8	.meny-font01	文字颜色
9	.meny-font02	文字颜色
10	.time	宽度、高度、行高、上外边距、文字大小、文字颜色
11	.null	宽度、高度、背景色、上外边距

（3）"订单"页面 my-order.wxss 样式代码如下：

```
/* pages/my-order/my-order.wxss */
.order{
    width:90%;
    margin: auto;
    background-color: white;
    padding:10px 20px;
    margin-top:10px;
    overflow: hidden;

}

.shop{
    width:100%;
    height:80px;
    margin-top: 20px;
    display: flex;
}
.shop-img{
    width:80px;
    height:80px;

}
.shop-text{
    flex:1;
    width:68%;
    height:80px;
    margin-left: 3%;

}
```

```css
.shop-name{
    font-size:16px;
    color:#040B24;
    overflow: hidden;

}
.shop-num{
    font-size:12px;
    color:#9EA1B5;
    margin-top: 4px;
    margin-bottom: 16px;
}
.shop-detail{
    font-size:12px;
    color:#131626;
}
.meny-font01{

    color:#25272D;
}
.meny-font02{

    color:#FF205D;
}

.time{
    width:100%;
    height:32px;
    line-height: 32px;
    margin-top: 20px;
    font-size:12px;
    color:#C8C9CC;
}
.null{
    width:100%;
    height: 20rpx;
    background-color: #FAFAFB;
```

```
        margin-top: 28rpx;
}
```

4.5.3 "订单" js 文件

1."订单"页面前后端数据交互

"订单"页面显示时,将会运行 my-order.js 文件中的生命周期 onShow 函数,并发送网络请求给后台接口 orderLis,前后端数据交互如图 4-51 所示。

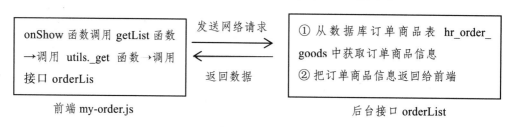

图 4-51 "订单"页面前后端数据交互

在导入的点餐小程序项目中,打开"订单"页面,打开调试器,单击 orderList 接口,单击 Headers,可以查看接口地址和网络请求方式 Request Method 的值,如图 4-52 所示。

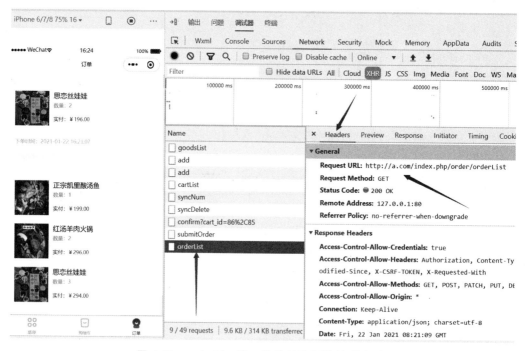

图 4-52 orderList 接口的地址和网络请求方式

单击 Preview,可以查看 orderList 接口返回给前端的数据,如图 4-53 所示。

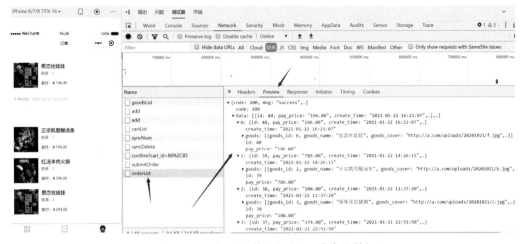

图 4-53　orderList 接口返回给前端的数据

2. 代码模块

"订单"my-order.js 文件代码模块如表 4-19 所示。

表 4-19　my-order.js 文件代码模块

序号	代码划分			说明
①	const utils = require('../../utils/util.js');			引入 utils.js 文件
②	Page	初始化数据	data	初始化以下数据： items: []
		函数	onShow	功能：调用 getList 函数
			getList	功能：调用 utils._get 函数，发送网络请求给后台 orderList 接口，获取订单商品信息，再返回给前端

3. 功能函数

（1）页面显示生命周期函数——onShow 函数，代码如下：

```
/**
 * 生命周期函数--监听页面显示
 */
onShow: function () {

    this.getList();
},
```

（2）getList 函数，代码如下：

```
/**
 * 获取订单列表
```

```
 * @param {*} param
 */
getList: function (param) {
  var that = this;
  wx.showLoading({
    title: '加载中...',
    mask: true
  })
  utils._get('order/orderList', param || {}, function (res) {
    // console.log(res)
    wx.hideLoading();
    var result = res.data.data;
    that.setData({
      items: result,
    })
  });
},
```

【本章小结】

本章通过使用 wxml、wxss、js 制作点餐小程序的 "菜单""购物车""确认订单""订单"页面，让读者熟练掌握微信小程序前端开发必备的知识和技能。

【习题】

1. 简述 "菜单""购物车""确认订单""订单"页面的列表渲染。
2. 简述 "菜单""购物车""确认订单""订单"界面的数据处理和 API 接口。

第5章 微信小程序服务端后台接口知识准备

服务器端的编程语言有 ASP、JSP、.NET、PHP 等。本教程选用 PHP 作为微信小程序服务端的编程语言（PHP 易于学习、上手简单）。本章主要介绍 PHP 开发环境搭建、编程基础、面向对象、ThinkPHP 6.0 框架对数据库的操作等内容，为开发微信小程序服务端后台接口做准备。

【学习目标】

（1）了解 PHP 开发环境搭建；
（2）掌握 PHP 数组、函数；
（3）了解类和对象、访问类中成员、继承、接口；
（4）熟悉 ThinkPHP 6.0 数据库操作、模型操作。

5.1 PHP 入门

PHP 入门

5.1.1 PHP 的概念及用途

1. PHP 的概念

PHP 即"超文本预处理器"，是一种简单高效、应用广泛、最流行的 Web 服务器端脚本语言。PHP 文件的后缀名是".php"。PHP 文件能够包含 HTML、CSS 以及 PHP 代码。目前 PHP 最常用的版本是 7.0。

2. PHP 在微信小程序后端的用途

PHP 在微信小程序后端的用途：接收客户端的请求、操作数据库、返回数据给客户端。小程序前端和服务器端运行流程如图 5-1 所示。

5.1.2 PHP 开发环境搭建

PHP 开发环境需要安装 Apache、PHP 以及 MySQL，单独安装配置 Apache、PHP 和 MySQL 较为复杂，选择 phpstudy（Apache+PHP+MySQL）集成开发环境，一次性安装，无须配置，即可使用 PHP 服务器。

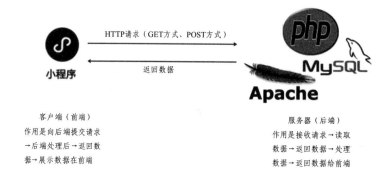

图 5-1 小程序前端和服务器端运行流程

1. phpstudy 开发环境搭建

phpstudy 是将 Apache、PHP 和 MySQL 等服务器软件整合在一起，免去了单独安装配置服务器带来的麻烦，实现了 PHP 开发环境的快速搭建。phpstudy 是免费的，直接到官方网站下载并进行安装即可。phpstudy 安装时的默认路径为 D:/phpstudy_pro。

2. 启动 Apache 和 MySQL

后台要运行 PHP 代码和操作数据库，必须先打开 phpstudy，启动 Apache2.2.39 和 MySQL5.7.26，如图 5-2 所示。如果启动不成功，则需要修改端口号。

图 5-2 启动 Apache 和 MySQL

3. 查看默认网站

单击"网站"，默认网站域名为 localhost，端口为 80，目录路径为 D:/phpstudy_pro/ WWW，如图 5-3 所示。

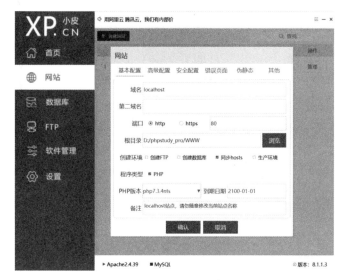

图 5-3　默认网站

4. 创建点餐小程序网站

（1）把本教材素材库中 shop 目录里所有内容复制到 d:/phpstudy_pro/www 文件夹下。

（2）运行 phpstudy_pro，启动 Apache2.2.39 和 MySQL5.7.26 成功。

（3）单击左侧"网站"→单击"创建网站"，弹出网站窗口，输入网站域名：a.com，单击"浏览"按钮，选择目录 D:/phpstudy_pro/www/shop/public，如图 5-4 所示。

图 5-4　创建点餐小程序网站

5.2　搭建点餐数据库

搭建点餐数据库

5.2.1　导入点餐数据库

（1）运行 phpstudy，启动 Apache2.4.39 和 MySQL5.7.26，如图 5-5 所示。

图 5-5　启动 Apache 和 MySQL

（2）创建新数据库之前，必须要修改 root 用户的默认密码。

① 单击左侧"数据库"，单击数据库 root 后面的"操作"下拉选项，单击"修改密码"。

② 弹出"修改密码"窗口，输入新密码"123456"，单击"确认"，如图 5-6 所示。

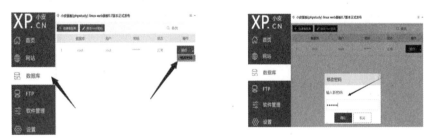

图 5-6　启动 phpstudy 并修改 root 用户密码

（3）单击"创建数据库"，弹出"数据库"窗口，输入数据库名称：myshop，输入用户名：tlj，输入密码：123456。单击"确认"，如图 5-7 所示。

图 5-7　创建数据库

（4）单击 myshop 数据库后的"操作"，单击"导入"，弹出"选择文件"窗口，单击浏览按钮，选择要导入的数据库文件 d:\phpstudy_pro\www\shop\backup\my_shop.sql，单击"确认"，完成导入数据库，如图 5-8 所示。

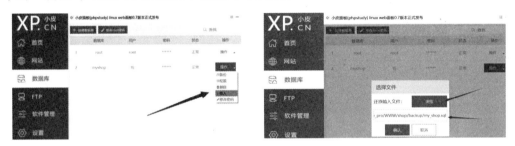

图 5-8　导入数据库

5.2.2　数据库配置文件

使用 PHP 操作数据库，必须要对数据库进行配置，打开 config/database.php 文件，该文件的功能主要是配置数据库连接信息，包括数据库类型、服务器地址、数据库名、用户名、密码、端口、数据表前缀等设置。该数据库表前缀为 hr_。

点餐小程序项目的数据库配置文件 database.php 完整代码如下：

```php
<?php
use think\facade\Env;
return [
    // 默认使用的数据库连接配置
    'default'          => Env::get('database.driver', 'mysql'),

    // 自定义时间查询规则
    'time_query_rule' => [],

    // 自动写入时间戳字段
```

```
// true 为自动识别类型，false 关闭
// 字符串则明确指定时间字段类型，支持 int timestamp datetime date
'auto_timestamp'   => true,

// 时间字段取出后的默认时间格式
'datetime_format' => 'Y-m-d H:i:s',

// 数据库连接配置信息
'connections'       => [
    'mysql' => [
        // 数据库类型
        'type'              => Env::get('database.type', 'mysql'),
        // 服务器地址
        'hostname'          => Env::get('database.hostname', '127.0.0.1'),
        // 数据库名
        'database'          => Env::get('database.database', 'myshop'),
        // 用户名
        'username'          => Env::get('database.username', 'root'),
        // 密码
        'password'          => Env::get('database.password', '123456'),
        // 端口
        'hostport'          => Env::get('database.hostport', '3306'),
        // 数据库连接参数
        'params'            => [],
        // 数据库编码默认采用 utf8
        'charset'           => Env::get('database.charset', 'utf8'),
        // 数据库表前缀
        'prefix'            => Env::get('database.prefix', 'hr_'),

        // 数据库部署方式:0 集中式(单一服务器),1 分布式(主从服务器)
        'deploy'            => 0,
        // 数据库读写是否分离，主从式有效
        'rw_separate'       => false,
        // 读写分离后主服务器数量
        'master_num'        => 1,
        // 指定从服务器序号
        'slave_no'          => '',
```

```
                        // 是否严格检查字段是否存在
                        'fields_strict'          => true,
                        // 是否需要断线重连
                        'break_reconnect'        => false,
                        // 监听 SQL
                        'trigger_sql'            => true,
                        // 开启字段缓存
                        'fields_cache'           => false,
                        // 字段缓存路径
                        'schema_cache_path' => app()->getRuntimePath(). 'schema'. DIRECTORY_
SEPARATOR,
                    ],

                    // 更多的数据库配置信息
            ],
        ];
```

5.2.3 使用 Navicat Premium 操作点餐数据库

1. Navicat Premium 软件

Navicat Premium 是一款快速、可靠的数据库管理工具,专为简化数据库的管理及降低系统管理成本而设计,用此工具连接数据库,可以对数据库进行各种操作。

2. 使用 Navicat Premium 连接点餐数据库的操作步骤

步骤 1:运行 Navicat Premium,单击工具栏上"连接"下拉选项,选择 MySQL,如图 5-9 所示。

图 5-9 连接点餐数据库步骤 1

步骤 2:弹出"新建连接"窗口,输入连接名:shop,输入用户名:tlj,输入密码:123456,如图 5-10 所示。

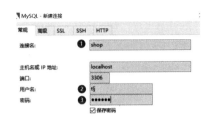

图 5-10　连接点餐数据库步骤 2

步骤 3：双击 shop 连接名，双击打开 myshop 数据库，双击表，此时显示点餐数据库中有 4 个表，分别为 hr_goods 商品表、hr_cart 购物车表、hr_order 订单表、hr_order_goods 订单商品表。双击 hr_cart 表，可以浏览该表信息，如图 5-11 所示。

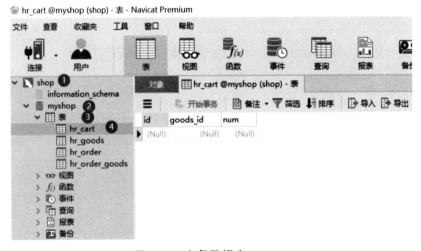

图 5-11　点餐数据库 myshop

3. 商品表

商品表 hr_goods 的结构如表 5-1 所示。

表 5-1　商品表结构

字段名	类型	长度	是否为主键	小数点	描述
id	int	10	是	0	商品 id
title	varchar	100	否	0	商品名称
images	varchar	2000	否	0	商品图片
price	decimal	10	否	2	商品价格

4. 购物车表

购物车表 hr_cart 的结构如表 5-2 所示。

表 5-2 购物车表结构

字段名	类型	长度	是否为主键	描述
id	int	10	是	购物车 id
goods_id	int	11	否	商品 id
num	int	11	否	数量

5. 订单表

订单表 hr_order 的结构如表 5-3 所示。

表 5-3 订单表结构

字段名	类型	长度	是否为主键	描述
id	int	10	是	订单 id
pay_price	decimal	10	否	支付金额
create_time	int	10	否	订单创建时间

6. 订单商品表

订单商品表 hr_order_goods 的结构如表 5-4 所示。

表 5-4 商品订单表结构

字段名	类型	长度	是否为主键	小数点	描述
id	int	10	是	0	订单商品表 id
order_id	int	11	否	0	订单 id
goods_id	int	11	否	0	商品 id
goods_name	varchar	100	否	0	商品名称
goods_cover	varchar	100	否	0	商品图片
goods_price	decimal	10	否	2	商品价格
total_num	int	11	否	0	商品数量
total_price	decimal	10	否	2	商品总价
create_time	int	10	否	0	订单创建时间
update_time	int	10	否	0	订单更新时间

7. 商品表的记录

商品表 hr_goods 的记录如图 5-12 所示，其他表的记录后面章节将会讲解。

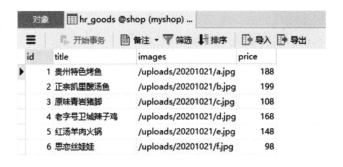

图 5-12 商品表 hr_goods 的记录

5.3 使用 Sublime 创建第一个 PHP 文件

使用 Sublime 创建第一个 PHP 文件

1. Sublime

Sublime 是一款简洁、体积小巧、高效、跨平台的 PHP 代码编辑器。

2. 使用 Sublime 编辑器创建第一个 PHP 程序文件

步骤 1：运行 Sublime 编辑软件

步骤 2：单击"File"→单击"Open Folder"打开文件夹，选择 D:/phpstudy_pro/www，如图 5-13 所示。

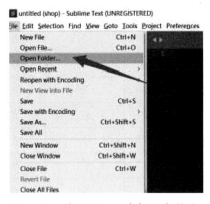

图 5-13 在 Sublime 中打开文件夹

步骤 3：鼠标右击 www 文件夹，弹出快捷菜单，单击"New Folder"，在窗口底部 Folder Name 后面输入"5-3"，即新文件夹名，如图 5-14 所示。

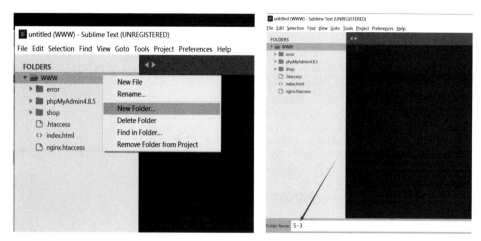

图 5-14　在 Sublime 中创建新文件夹

步骤 4：单击"File"→单击"New File"，如图 5-15 所示。

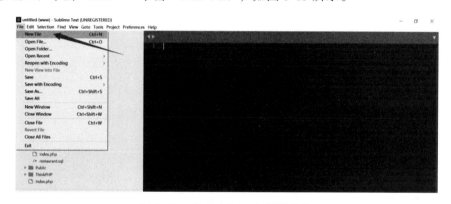

图 5-15　在 Sublime 中新建文件

步骤 5：在代码编辑区中输入以下代码，单击"File"→单击"Save"，将文件保存在"D:\phpstudy_pro\WWW\5-3"文件夹下，文件名为"index.php"文件。

```php
<?php
echo "我的第一个 PHP 文件";
?>
```

代码说明：

① PHP 标记对是 PHP 的标记对，PHP 代码必须写在 PHP 标记符之间。格式如下：

```php
<?php

?>
```

② echo 是 PHP 的输出语句，可以输出字符串或变量值。

③ PHP 语句要以分号";"结尾，在 PHP 语言中，大部分语句应该以分号结尾。但也有特殊情况，例如：PHP 开始标记和结束标记后面，就不需要以分号结尾。

3. 在浏览器中运行 PHP 文件

步骤 1：运行 phpstudy，启动 Apache。

步骤 2：打开浏览器，在地址栏中输入"http://localhost/5-3/index.php"，运行结果如图 5-16 所示。

图 5-16　在浏览器中的运行结果

5.4　PHP 基础编程

PHP 基础编程

5.4.1　PHP 变量、数据类型、常量

1. 变　量

其值可以改变的量称为变量。

PHP 变量名：以 $ 符号开头，其后是变量的名称。变量名称必须以字母或下划线开头，不能以数字开头。变量名是区分大写的。约定变量名用小写。PHP 是一种弱类型的语言，使用变量前不用声明变量，赋值时就是创建了变量。

2. PHP 常用数据类型

（1）整型（integer）：只能包含整数。

【示例 5-1】给一个变量赋值 100，并输出该变量的值。

代码保存在"D:\phpstudy_pro\WWW\5-4"文件夹下，文件名为"test1.php"。

```php
<?php
$a=100;      //定义一个变量，并赋值 100
echo $a;     //输出该变量的值
?>
```

148

运行 phpstudy，启动 Apache 成功。打开浏览器，在地址栏中输入"http://localhost/5-4/test1.php"，运行结果如图 5-17 所示。

图 5-17　运行结果

重要说明：

PHP 中的注释：

① 单行注释格式：

```
//注释内容
```

② 多行注释格式：

```
/*
注释内容
*/
```

（2）字符串型（string）：使用双引号" "，或者单引号' '包含的连续的字符序列，由数字、字母和符号组成。

【示例 5-2】给一个变量赋值"贵州欢迎您!!!"，并输出该变量的值。

代码保存在"D:\phpstudy_pro\WWW\5-4"文件夹下，文件名为"test2.php"。

```php
<?php
$b="贵州欢迎您!!! ";   //定义一个变量，并赋值字符串
echo $b;              //输出该变量的值
?>
```

运行 phpstudy，启动 Apache 成功。打开浏览器，在地址栏中输入"http://localhost/5-4/test2.php"，运行结果如图 5-18 所示。

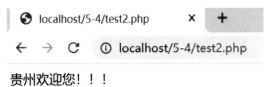

图 5-18　运行结果

（3）布尔型（boolean）：只有两个值，真（true）和假（false），其中 true 和 false 是 PHP 的内部关键字。

【示例 5-3】给一个变量赋值 true，并输出该变量的值和数据类型。

代码保存在"D:\phpstudy_pro\WWW\5-4"文件夹下，文件名为"test3.php"。

```php
<?php
$c=true;          //定义一个变量，并赋值 true
echo $c;          //输出该变量的值
echo "<br>";      //换行
var_dump($c);     //输出该变量的数据类型和值
?>
```

运行 phpstudy，启动 Apache 成功。打开浏览器，在地址栏中输入"http://localhost/5-4/test3.php"，运行结果如图 5-19 所示。

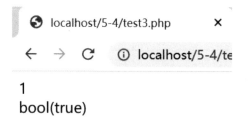

图 5-19　运行结果

重要说明：

var_dump()函数：输出变量的数据类型和值。

（4）浮点型（float）：可以用来存储整数，也可以存储小数，它提供的精度比整数大得多。

【示例 5-4】给一个变量赋值 3.56，并输出该变量的值。

代码保存在"D:\phpstudy_pro\WWW\5-4"文件夹下，文件名为"test4.php"。

```php
<?php
$d=3.56;     //定义一个变量，并赋值
echo $d;     //输出该变量的值
?>
```

运行 phpstudy，启动 Apache 成功。打开浏览器，在地址栏中输入"http://localhost/5-4/tes4.php"，运行结果如图 5-20 所示。

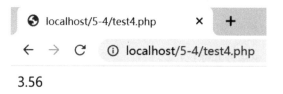

图 5-20　运行结果

（5）数组：数组是一组数据的集合，数组中的每个数据称为一个数组元素。每个数组元素包括键名和值两个部分，数组元素示例如图 5-21 所示。元素的键名（key）可

以由数字或字符串组成，元素的值(value)可以是任意类型。

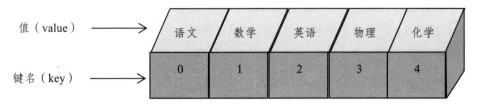

图 5-21　数组元素示例

创建数组有很多种方法，这里仅简单介绍一种方法，后面章节再详细介绍。

创建数组格式：

数组名=array(key=>value, ... key=>value,);

【示例 5-5】定义一个数组，包含 5 个元素，该数组的键名是数字，先输出该数组第一个元素的值，换行后，再输出整个数组的所有元素键名和值。

代码保存在"D:\phpstudy_pro\WWW\5-4"文件夹下，文件名为"test5.php"。

```php
<?php
$arr=array(0=>"语文",1=>"数学",2=>"英语",3=>"物理",4=>"化学");    //创建数组
echo $arr[0];          //输出数组中第 1 个元素的值
echo "<br>";           //换行
print_r ( $arr ) ;          //输出整个数组
?>
```

重要说明：

print_r ( ): 除了输出基本数据类型的值，还可以输出数组、对象的值。echo 只能输出基本数据类型的值。

运行 phpstudy，启动 Apache 成功。打开浏览器，在地址栏中输入"http://localhost/5-4/test5.php"，运行结果如图 5-22 所示。

语文
Array ([0] => 语文 [1] => 数学 [2] => 英语 [3] => 物理 [4] => 化学)

图 5-22　运行结果

（6）对象：是类的实例化，后面章节会详细介绍。

（7）空值：表示该变量没有值，唯一的值就是 null。

3. PHP 常量

常量的值在脚本中不能改变，不可再次对该常量进行赋值。

常量名由英文字母、下划线和数字组成，但数字不能作为首字母出现。常量名前

面不需要加 $ 修饰符。约定常量名一般使用大写，方便区分常量和变量。

使用 define("name", value)函数自定义常量。name 即常量名称，value 即常量的值。

【示例 5-6】定义一个常量，并输出该常量的值。

代码保存在"D:\phpstudy_pro\WWW\5-4"文件夹下，文件名为"test6.php"。

```php
<?php
define("MC", "点餐小程序");
echo MC;
?>
```

运行 phpstudy，启动 Apache 成功。打开浏览器，在地址栏中输入"http://localhost/5-4/test6.php"，运行效果如图 5-23 所示。

图 5-23　运行效果

5.4.2　运算符和表达式

1. 算术运算

算术运算包括加、减、乘、除、取余、自增、自减，对应的运算符分别为+、-、*、/、%、++、--。

【示例 5-7】分别对 2 个变量进行几种算术运算，并输出结果。

代码保存在"D:\phpstudy_pro\WWW\5-4"文件夹下，文件名为"test7.php"。

```php
<?php
$x=5;
$y=3;
echo $x+$y;          //求和
echo "<br/>";        //换行
echo $x%$y;          //取余
echo "<br/>";        //换行
echo ++$x;           //自增
echo "<br/>";        //换行
echo --$y;           //自减
?>
```

运行 phpstudy，启动 Apache 成功。打开浏览器，在地址栏中输入"http://localhost/

152

5-4/test7.php", 运行结果如图 5-24 所示。

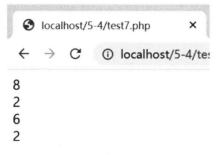

图 5-24　运行结果

2. 关系运算

关系（比较）运算符用于比较两个值，包括>、<、>=、<=、==（等于）、!=（不等于）、===（全等）、!==（全不等）。关系运算符的运算结果是布尔值(true 或 false)。

【示例 5-8】简单关系运算后赋值给变量$a，并输出变量$a 的值。

代码保存在 "D:\phpstudy_pro\WWW\5-4" 文件夹下，文件名为 "test8.php"。

```php
<?php
$x = 8>2;
var_dump($x);      //输出变量的数据类型和值
echo "<br>";
$x= 8<3;
var_dump($x);      //输出变量的数据类型和值
?>
```

运行 phpstudy，启动 Apache 成功。打开浏览器，在地址栏中输入 "http://localhost/5-4/test8.php"，运行结果如图 5-25 所示。

图 5-25　运行结果

3. 逻辑运算符

逻辑运算符包括&&或 and（逻辑与）、||或 or（逻辑或）、!（逻辑非）。逻辑运算符的运算结果，只有 true 或 false 两个值。"逻辑与"运算即所有条件都为 true，运算结果才为 true。"逻辑或"运算即条件中只要有一个 true，运算结果为 true。"逻辑非"运算即取反，true 变 false，false 变 true。

【示例 5-9】简单逻辑运算后赋值给变量，最后输出变量的值。

153

代码保存在"D:\phpstudy_pro\WWW\5-4"文件夹下，文件名为"test9.php"。

```php
<?php
$x = 10>5 && 1>2;
var_dump($x) ;
echo "<br>";
$y=3>1 || 3>5;
var_dump($y) ;
?>
```

运行 phpstudy，启动 Apache 成功。打开浏览器，在地址栏中输入"http://localhost/5-4/test9.php"，运行结果如图 5-26 所示。

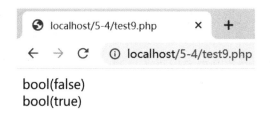

图 5-26　运行结果

4．字符运算符

连接字符的运算符，即英文的"."，它将两个字符串连接起来。

【示例 5-10】连接两个字符串，并输出值。

代码保存在"D:\phpstudy_pro\WWW\5-4"文件夹下，文件名为"test10.php"。

```php
<?php
$a = "我爱我的家乡";
$b= "贵州";
echo $a.$b;
?>
```

运行 phpstudy，启动 Apache 成功。打开浏览器，在地址栏中输入"http://localhost/5-4/test10.php"，运行结果如图 5-27 所示。

图 5-27　运行结果

5. 赋值运算符

PHP 常用的赋值运算符如表 5-5 所示。

表 5-5 PHP 常用的赋值运算符

赋值运算符	实例	展开形式	含义
=	$x=$y	$x=$y	将右边的值赋值给左边
+=	$x+=$y	$x=$x+$y	先加后赋值
-=	$x.=$y	$x=$x-$y	先减后赋值
*=	$x*=$y	$x=$x*$y	先乘后赋值
/=	$x/=$y	$x=$x/$y	先除后赋值
./	$.x=$y	$x=$x.$y	先连接后赋值
%=	$x%=$y	$x=$x%$y	先取余后赋值

【示例 5-11】赋值运算符演示。

代码保存在"D:\phpstudy_pro\WWW\5-4"文件夹下，文件名为"test11.php"。

```php
<?php
$x = 2;
$y = 6;
$y *= $x;       //相当于$y = $y*$x;
echo $y;
?>
```

运行 phpstudy，启动 Apache 成功。打开浏览器，在地址栏中输入"http://localhost/5-4/test11.php"，运行结果如图 5-28 所示。

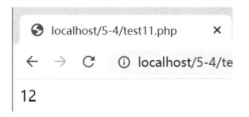

图 5-28 运行结果

6. 三元运算符

三元运算符可以提供简单的逻辑判断，语法格式如下：

条件？结果 1：结果 2

如果条件的值为 true，则返回结果 1，否则返回结果 2。

【示例 5-12】三元运算符演示。

代码保存在"D:\phpstudy_pro\WWW\5-4"文件夹下，文件名为"test12.php"。

155

```php
<?php
$a = 95;
echo ($a>90)?"成绩优秀":"继续加油";
?>
```

运行 phpstudy，启动 Apache 成功。打开浏览器，在地址栏中输入"http://localhost/5-4/test12.php"，运行结果如图 5-29 所示。

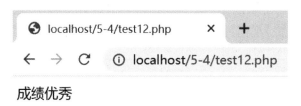

成绩优秀

图 5-29　运行结果

5.4.3　流程控制语句

PHP 程序中如果没有流程控制语句，程序将从第一条 PHP 语句顺序执行到最后一条 PHP 语句。流程控制语句用于改变程序的执行顺序，控制程序的执行流程。PHP 流程控制有以下两种类型：分支语句和循环语句。

1. 分支语句

分支语句：对条件进行判断，根据判断的结果确定执行不同的代码。

（1）单分支语句：如果条件为真，就执行这段代码，否则就不执行这段代码。

```
if(条件){
    条件成立时（为真时），要执行的代码;
}
```

【示例 5-13】单分支语句演示。

代码保存在"D:\phpstudy_pro\WWW\5-4"文件夹下，文件名为"test13.php"。

```php
<?php
$a = 95;
If($a>90){
echo    "成绩优秀";
}
?>
```

运行 phpstudy，启动 Apache 成功。打开浏览器，在地址栏中输入"http://localhost/5-4/test13.php"，运行结果如图 5-30 所示。

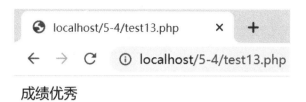

成绩优秀

图 5-30　运行结果

（2）双分支语句：条件为真时，执行代码段 1；条件为假时，执行代码段 2。

```
if(条件){
        条件成立时（为真时），要执行的代码段 1;
    }else{
        条件不成立时（为假时），要执行的代码段 2;
    }
```

【示例 5-14】双分支语句演示。

代码保存在 "D:\phpstudy_pro\WWW\5-4" 文件夹下，文件名为 "test14.php"。

```php
<?php
$a =60;
if($a>80){
echo　"真棒";
}else{
    echo　"加油";
}
?>
```

运行 phpstudy，启动 Apache 成功。打开浏览器，在地址栏中输入 "http://localhost/5-4/test14.php"，运行结果如图 5-31 所示。

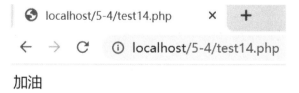

加油

图 5-31　运行结果

（3）多分支语句：用于多个条件判断，不同的条件执行不同的代码。

```
switch (表达式){
    case value1：
语句序列;
break;
    case value2：
```

```
    语句序列;
break;
......
default:
    语句序列;
}
```

switch 语句首先计算表达式的值, 将表达式的值与每个 case 的值进行比较。如果相等, 则执行对应的语句代码。代码执行后, 使用 break 来阻止代码跳入下一个 case 继续执行。default 语句用于不存在匹配 (即没有 case 为真) 时执行。

【示例 5-15】多分支语句演示。

代码保存在 "D:\phpstudy_pro\WWW\5-4" 文件夹下, 文件名为 "test15.php"。

```php
<?php
$love="dog";
switch ($love)
{
case "dog":
    echo "你喜欢的宠物是小狗!";
    break;
case "cat":
    echo "你喜欢的宠物是小猫!";
    break;
case "fish":
    echo "你喜欢的宠物是小鱼儿!";
    break;
default:
    echo "你喜欢的宠物不是小狗、小猫或小鱼儿!";
}
?>
```

运行 phpstudy, 启动 Apache 成功。打开浏览器, 在地址栏中输入 "http://localhost/5-4/test15.php", 运行结果如图 5-32 所示。

你喜欢的宠物是小狗!

图 5-32 运行结果

2. 循环语句

（1）for 循环：如果满足循环条件，则重复执行同一段代码块。

for 循环语法格式如图 5-33 所示。

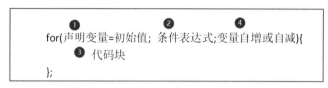

图 5-33　for 循环语法格式

for 循环的执行步骤：

① 声明一个变量，赋初始值；

② 判断变量的值是否满足条件表达式；

③ 如果满足条件，则执行循环语句代码块，如果不满足条件，则退出循环；

④ 变量自增或自减；

⑤ 重复第②步，判断变量的值是否满足条件变达式，至条件不满足时退出循环。

【示例 5-16】输出 20 遍"我爱我的祖国"。

代码保存在"D:\phpstudy_pro\WWW\5-4"文件夹下，文件名为"test16.php"。

```php
<?php
for ( $i=0; $i<20; $i++) {
    echo "我爱我的祖国!";
    }
?>
```

运行 phpstudy，启动 Apache 成功。打开浏览器，在地址栏中输入"http://localhost/5-4/test16.php"，运行效果如图 5-34 所示。

图 5-34　运行结果

（2）foreach 循环：主要用于遍历数组。

foreach 循环有以下两种语法格式：

```php
① foreach (数组名  as $value){

    ...

}
```

遍历数组时,每次循环将当前数组每个元素的值赋给$value,并且数组指针向后移动,直到遍历结束。

【示例5-17】定义一个数组,用 foreach 输出数组中每个元素的值。

代码保存在"D:\phpstudy_pro\WWW\5-4"文件夹下,文件名为"test17.php"。

```php
<?php
$a = array("id"=>"11","name"=>"小红","sex"=>"女");     //创建数组
foreach( $a as $value) {          //遍历数组
   echo $value;
   echo "<br>";
   }
?>
```

运行 phpstudy,启动 Apache 成功。打开浏览器,在地址栏中输入"http://localhost/5-4/test17.php",运行效果如图 5-35 所示。

图 5-35　运行结果

```
② foreach (数组名  as $key => $value){
      ...
   }
```

遍历数组时,每次循环将当前数组每个元素的值赋给$value,同时将键名赋给变量$key ,并且数组指针向后移动,直到遍历结束。

【示例5-18】定义一个数组,用 foreach 输出数组中每个元素的键名和值。

代码保存在"D:\phpstudy_pro\WWW\5-4"文件夹下,文件名为"test18.php"。

```php
<?php
$a = array("id"=>"11","name"=>"小红","sex"=>"女");     //创建数组
foreach( $a as $key=>$value) {          //遍历数组
    echo $key.','.$value;
    echo "<br>";
    }
?>
```

运行 phpstudy,启动 Apache 成功。打开浏览器,在地址栏中输入"http://localhost/

5-4/test18.php",运行结果如图 5-36 所示。

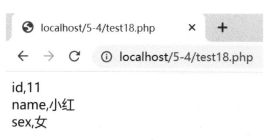

图 5-36　运行结果

5.4.4　数　组

1. 数组

数组是一组数据的集合,数组中的每个数据称为一个数组元素。数组元素包括键名和值两部分。元素的键名可以由数字或字符串组成,元素的值可以是多种数据类型。

2. 数组分类

(1)数字索引数组:数组下标(键名)只能由数字组成,默认从 0 开始。数字索引数组示例如图 5-37 所示。

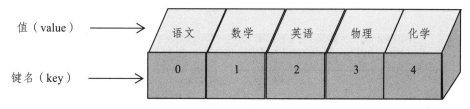

图 5-37　数字索引数组示例

(2)关联数组:数组的键名可以是字符串或者是数值和字符串混合的形式。关联数组示例如图 5-38 所示。

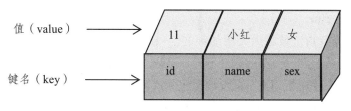

图 5-38　关联数组示例

3. 创建一维数组的两种方法

(1)使用 array( )函数创建数组,格式如下:

数组名=array(key=>value,…, key=>value,);

key 表示键名,value 表示值,键名 key 可以是数值,也可以是字符串。如果键名

161

是字符串，该键名要加上单引号(')或者双引号(")。如果键名 key 是数值，可以用下列简约格式：

数组名= array(value, value, value, …);

此种格式没有指定数组内元素的键名，PHP 会自动以数字的形式创建键名，从 0 开始，依次累加。

【示例 5-19】使用 array()函数创建数组。

代码保存在"D:\phpstudy_pro\WWW\5-4"文件夹下，文件名为"test19.php"。

```php
<?php
$a=array("语文","数学","英语","物理","化学");            //创建数组
$b=array("id"=>"11","name"=>"小红","sex"=>"女");      //创建数组
print_r($a);                                  //输出整个数组
echo "<br>";
print_r($b);                                  //输出整个数组
?>
```

运行 phpstudy，启动 Apache 成功。打开浏览器，在地址栏中输入"http://localhost/5-4/test19.php"，运行效果如图 5-39 所示。

图 5-39　运行结果

（2）使用数组名[ ]直接给数组元素赋值，格式如下：

数组名[key]=value;

键名 key 可以是数值，也可以是字符串。如果键名 key 是数值，可以用下列简约格式：

数组名[ ]=value;

此种格式没有指定数组内元素的键名，PHP 会自动以数字的形式创建键名，从 0 开始，依次累加。

【示例 5-20】使用数组名[]直接给数组元素赋值。

代码保存在"D:\phpstudy_pro\WWW\5-4"文件夹下，文件名为"test20.php"。

```php
<?php
//创建数组
$a[]="Java";
$a[]="C++";
$a[]="Python";
```

```
//创建数组
$b["id"]=22;
$b["name"]="小王";
$b["sex"]="男";
print_r($a);            //输出整个数组
echo "<br>";
print_r($b);            //输出整个数组
?>
```

运行 phpstudy，启动 Apache 成功。打开浏览器，在地址栏中输入"http://localhost/5-4/test20.php"，运行效果如图 5-40 所示。

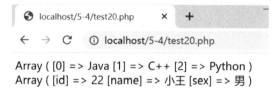

图 5-40　运行结果

重要提示：

① 使用 array()，创建空数组；

② 使用数组名=[ ]，创建空数组。

【示例 5-21】使用 2 种方法创建空数组。

代码保存在"D:\phpstudy_pro\WWW\5-4"文件夹下，文件名为"test21.php"。

```
<?php
$a=array();         //创建空数组
$b=[];              //创建空数组
print_r($a);        //输出整个数组
echo "<br>";
print_r($b);        //输出整个数组
?>
```

运行 phpstudy，启动 Apache 成功。打开浏览器，在地址栏中输入"http://localhost/5-4/test21.php"，运行效果如图 5-41 所示。

图 5-41　运行结果

163

4. 创建二维数组

二维数组的元素是数组。二维数组的创建和使用与一维数组相同。一般从数据库提取出来的数据都是关联二维数组，关联二维数组在后面章节的实战应用较多。

（1）使用 array() 函数创建二维数组。

【示例 5-22】使用 array() 函数创建二维数组。

代码保存在 "D:\phpstudy_pro\WWW\5-4" 文件夹下，文件名为 "test22.php"。

```php
<?php
//创建二维数组
$a=array(
array("id"=>"11","name"=>"小红","sex"=>"女"),
array("id"=>"22","name"=>"小王","sex"=>"男"),
array("id"=>"33","name"=>"小明","sex"=>"男")
);
print_r($a);      //输出整个二维数组
?>
```

运行 phpstudy，启动 Apache 成功。打开浏览器，在地址栏中输入 "http://localhost/5-4/test22.php"，运行效果如图 5-42 所示。

图 5-42　运行结果

（2）使用数组名[ ]直接给数组元素赋值。

【示例 5-23】使用数组名[ ]方法创建二维数组。

代码保存在 "D:\phpstudy_pro\WWW\5-4" 文件夹下，文件名为 "test23.php"。

```php
<?php
//创建二维数组
$a[]=array("id"=>"11","name"=>"小红","sex"=>"女");
$a[]=array("id"=>"22","name"=>"小王","sex"=>"男");
$a[]=array("id"=>"33","name"=>"小明","sex"=>"男");
print_r($a);      //输出整个二维数组
?>
```

运行 phpstudy，启动 Apache 成功。打开浏览器，在地址栏中输入 "http://localhost/

5-4/test23.php",运行效果如图 5-43 所示。

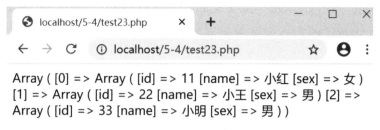

图 5-43 运行结果

5. 使用 foreach 遍历二维数组

```
foreach (数组名 as $value){
        ...
}
```

【示例 5-24】使用 foreach 遍历二维数组,获取整个二维数组的值。

代码保存在"D:\phpstudy_pro\WWW\5-4"文件夹下,文件名为"test24.php"。

```php
<?php
//创建二维数组
$a=array(
array("id"=>"11","name"=>"小红","sex"=>"女"),
array("id"=>"22","name"=>"小王","sex"=>"男"),
array("id"=>"33","name"=>"小明","sex"=>"男")
);

foreach ($a as $value) {
    print_r($value);
    echo "<br>";
}
?>
```

运行 phpstudy,启动 Apache 成功。打开浏览器,在地址栏中输入"http://localhost/5-4/test24.php",运行效果如图 5-44 所示。

图 5-44 运行结果

【示例 5-25】使用 foreach 遍历二维数组，获取某一列的值。

代码保存在"D:\phpstudy_pro\WWW\5-4"文件夹下，文件名为"test25.php"。

```php
<?php
$a=array(
array("id"=>"11","name"=>"小红","sex"=>"女"),
array("id"=>"22","name"=>"小王","sex"=>"男"),
array("id"=>"33","name"=>"小明","sex"=>"男")
);
foreach ($a as $value) {
    echo $value["name"];    //输出 name 列的值
    echo "<br>";
}
?>
```

运行 phpstudy，启动 Apache 成功。打开浏览器，在地址栏中输入"http://localhost/5-4/test23.php"，运行效果如图 5-45 所示。

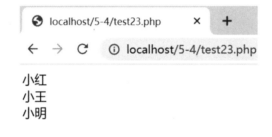

图 5-45　运行结果

5.4.5　函　数

1. 自定义函数

（1）函数：是独立的一段代码段。把一段实现特定功能的代码段定义在函数中，程序员要执行这个特定功能时，无须重复编写相同的代码，只要直接调用该函数，即可实现特定的功能。使用函数，可提高程序的重用性和开发效率。

（2）函数的分类：

① 系统内置函数：PHP 内部已经预定义好的函数，用户可以直接使用。例如前面章节中使用过的 print_r()、var_dump 函数等都是 PHP 的内置函数。

② 自定义函数：用户根据实际需要编写的代码段，自定义函数必须定义之后，才可以使用。

（3）定义函数的语法格式：

```
function 函数名 (参数 1, 参数 2, …, 参数 n){
    函数体;
    return 返回值;
}
```

参数说明如下:

function: 必选项, 声明自定义函数的关键字。

函数名: 必选项, 要创建的函数名称, 函数名是唯一的。函数命名与变量命名规则相同, 但函数名不能以$开头。

参数 1, 参数 2, …, 参数 n: 可选项, 如果有参数就传递值给函数, 定义函数时的参数又叫形参, 定义函数时的参数, 没有实际的值。如果没有参数, 即调用函数的时候不传递任何参数。

函数体: 必选项, 是函数被调用的时候执行的一段代码。

return: 可选项, 如果有 return, 就将值返回, 立即结束函数的运行。任何类型数据都可以返回, 包括列表和对象。如果没有 return, 就不返回值。

（4）调用函数的语法格式

```
函数名(实参 1, 实参 2,…,实参 n);
```

如果没有参数, 可以不写。

【示例 5-26】创建无参数的函数并调用。

代码保存在 "D:\phpstudy_pro\WWW\5-4" 文件夹下, 文件名为 "test26.php"。

```
<?php
//创建函数
function xyj(){
    echo "衣服洗好了";
};
//调用函数
  xyj();
 ?>
```

运行 phpstudy, 启动 Apache 成功。打开浏览器, 在地址栏中输入 "http://localhost/5-4/test26.php", 运行效果如图 5-46 所示。

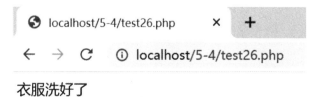

图 5-46　运行效果

【示例 5-27】创建带参数的函数并调用。

代码保存在"D:\phpstudy_pro\WWW\5-4"文件夹下，文件名为"test27.php"。

```php
<?php
//创建函数
function jf($x,$y){
    return $x+$y;
};
//调用函数
 $a=jf(5,3);
 echo $a;
 ?>
```

运行 phpstudy，启动 Apache 成功。打开浏览器，在地址栏中输入"http://localhost/5-4/test27.php"，运行效果如图 5-47 所示。

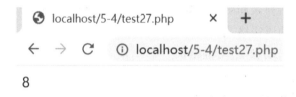

图 5-47　运行效果

2. 变量的作用域

变量的作用域是指该变量在程序中可以被使用的区域。

按变量的作用域划分变量，可分为局部变量、全局变量和静态变量。

（1）局部变量。

在函数的内部定义的变量为局部变量。局部变量只能在函数内部使用，作用域只在函数里有效，在函数外面无法访问函数里面的局部变量。

【示例 5-28】创建带参数的函数并调用。

代码保存在"D:\phpstudy_pro\WWW\5-4"文件夹下，文件名为"test28.php"。

```php
<?php
function test(){
    $a = 8;
};

if(empty($a)){
    echo '$a 为空';
    }else{
    echo '$a 不为空';
```

168

```
    };
?>
```

运行 phpstudy，启动 Apache 成功。打开浏览器，在地址栏中输入 "http://localhost/5-4/test28.php"，运行效果如图 5-48 所示。

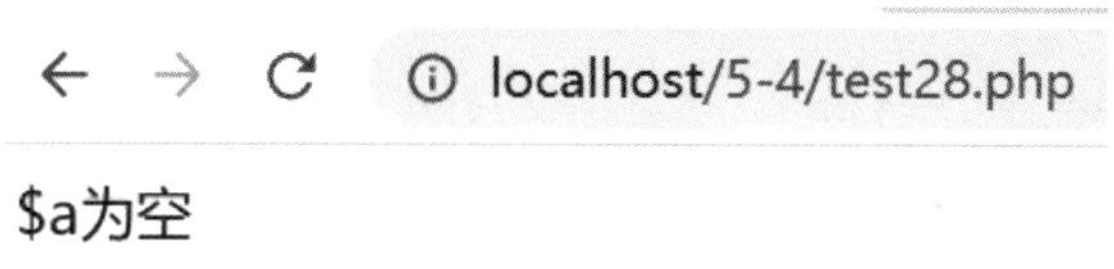

← → C ⓘ localhost/5-4/test28.php

$a为空

图 5-48　运行效果

（2）全局变量。

在所有函数外部定义的变量为全局变量。其作用域是全局作用域。但是要在自定义函数中使用全局变量，需要在函数中的变量前加上 global 关键字。

【示例 5-29】创建带参数的函数并调用。

代码保存在 "D:\phpstudy_pro\WWW\5-4" 文件夹下，文件名为 "test29.php"。

```php
<?php
$x = 2;
$y = 3;
    function getSum(){
        global $x,$y;
            $x += $y;
    }
    getSum();
    echo $x;
?>
```

运行 phpstudy，启动 Apache 成功。打开浏览器，在地址栏中输入 "http://localhost/5-4/test29.php"，运行效果如图 5-49 所示。

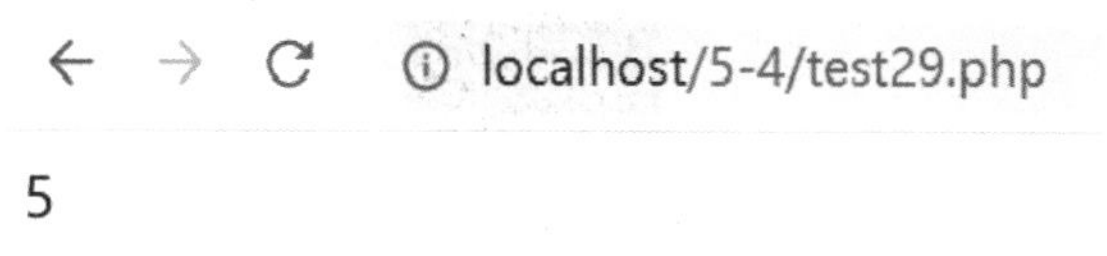

← → C ⓘ localhost/5-4/test29.php

5

图 5-49　运行效果

（3）静态变量。

静态变量在函数调用结束后仍保留变量值，而一般变量在函数执行完毕后，函数内变量会被释放，被删除。使用静态变量时，先要用关键字 static 声明变量。

【示例 5-30】创建带参数的函数并调用。

代码保存在 "D:\phpstudy_pro\WWW\5-4" 文件夹下，文件名为 "test30.php"。

```php
<?php
    function getNum(){
     static $x =1;
        $y =8;
        $x++;
        $y++;
        print($x.$y);
        echo '<br />';
     }
    getNum();
    getNum();
    getNum();
 ?>
```

运行 phpstudy，启动 Apache 成功。打开浏览器，在地址栏中输入"http://localhost/5-4/test30.php"，运行效果如图 5-50 所示。

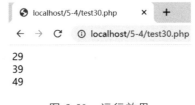

图 5-50　运行效果

5.5　PHP 面向对象

PHP 面向对象

面向对象开发模式是当今开发模式的主流。PHP 面向对象的开发模式，是 PHP 能够成为 Web 开发领域主流语言的重要原因之一。

采用面向对象开发模式，就是可以对现实的事物进行抽象，把现实的事物直接映射为开发的对象，例如可以设计一个 Car 类来表示现实中的汽车，这种方式非常直观明了，也非常接近人们的正常思维。类和对象是面向对象的基本概念，接下来将分别进行介绍。

5.5.1 类和对象

1. 类的定义

类是一种抽象的概念，是属性和方法的集合，是面向对象开发模式的核心和基础。类需要实例化才能变成对象。类就像是一个模板，对象就是按照这个模板生产出来的具体实物。

2. 定义类

语法格式如下：

```
权限修饰符 class 类名{
成员属性
成员常量
成员方法
    }
```

（1）权限修饰符（可选项）：可以使用 public、protected、private 3 个权限修饰符，权限修饰符的详细说明在后面章节介绍。

（2）class（必写项）：是创建类的关键字。

（3）类名（必写项）：是所要创建类的名称，必须写在 class 关键字之后。类名以字母或下划线开头，后面可以是字母、数字或下划线。约定类名首字母大写。在类名后面要跟上一对大括号。

（4）成员属性（可选项）：在类中声明的变量称为成员属性（成员变量）。成员属性的声明必须用关键字 public、protected、private 来修饰。

（5）成员常量（可选项）：在类中声明的常量称为成员常量。在类中定义常量，使用关键字 const。

（6）成员方法（可选项）：在类中声明的函数称为成员方法。成员方法的声明和函数的声明相同，特殊之处是成员方法的声明必须使用关键字 public、protected、private 来修饰。不写关键字就是默认 public。

3. 对象的创建

一个类可以实例化多个对象，每个对象都是独立的，对象之间没有任何联系。语法格式如下：

```
$对象名= new 类名( )
```

对象名：命名规则与变量相同。

new：创建对象的关键字。

类名：表示新对象的类型。类名后面跟着小括号。

【示例 5-31】创建洗衣机类，在类中定义一个属性和两个方法。实例化两个对象，并打印输出这两个对象。

代码保存在"D:\phpstudy_pro\WWW\5-5"文件夹下，文件名为"test31.php"。

```php
<?php
//创建"洗衣机"类
    class Xyj{
        public $pinpai='小天鹅';    //定义成员属性

        function quick(){           //定义成员方法
            echo "快洗";
        }

        function normal(){          //定义成员方法
            echo "正常洗";
        }
    };

//实例化洗衣机
    $xy1= new Xyj();
    $xy2= new Xyj();
    print_r($xy1);              //打印对象$xy1
    echo "<br>";
    print_r($xy2);              //打印对象$xy2
?>
```

运行 phpstudy，启动 Apache 成功。打开浏览器，在地址栏中输入"http://localhost/5-5/test31.php"，运行效果如图 5-51 所示。

图 5-51　运行效果

5.5.2　访问类中成员

类中包括成员属性和成员方法，在对类实例化后，对象通过对象运算符，可以访问类中的公有属性和公有方法，即被关键字 public 修改的属性和方法。

1. 对象运算符->

格式如下：

```
$对象名->成员属性；          //注意属性名前没有"$"
$对象名->成员属性=值；       //注意属性名前没有"$"
$对象名->成员方法( );
```

【示例 5-32】创建洗衣机类，在类中定义一个属性和两个方法。实例化两个对象，并访问类的属性和方法。

代码保存在"D:\phpstudy_pro\WWW\5-5"文件夹下，文件名为"test32.php"。

```php
<?php
//创建"洗衣机"类
    class Xyj{
        public $pinpai='小天鹅';  //定义成员属性
        public $price;            //定义成员属性
        function quick(){         //定义成员方法
            echo "快洗";
        }
        function normal(){        //定义成员方法
            echo "正常洗";
        }
    };

//实例化洗衣机
    $xy1= new Xyj();
//对象运算符(->):访问类的属性、方法
    $xy1->pinpai="美的";
    echo $xy1->pinpai;
    $xy1->price=1999;
    echo $xy1->price;
    $xy1->quick();
?>
```

运行 phpstudy，启动 Apache 成功。打开浏览器，在地址栏中输入"http://localhost/5-5/test32.php"，运行效果如图 5-52 所示。

美的1999快洗

图 5-52 运行效果

2. "$this"的用法

$this 用来读取类里面的属性和方法。$this 只指向当前对象，表示对对象本身的引用。格式如下：

```
$this->属性名;    //注意属性名前没有"$"
$this->方法( );
```

【示例 5-33】$this 的用法。

代码保存在"D:\phpstudy_pro\WWW\5-5"文件夹下，文件名为"test33.php"。

```php
<?php
//创建"洗衣机"类
    class Xyj{
        public $name;
        public $pinpai = "小天鹅";
        function quick($x){
            return $this->name.$x."分钟快洗";
        }

    };

//实例化洗衣机
    $xh_xy = new Xyj();
    $xw_xy = new Xyj();

    $xh_xy->name= "小红";
    $xw_xy->name= "小王";

    $a = $xh_xy->quick(10);
    echo $a;
    echo "<br>";

    $b = $xw_xy->quick(8);
    echo $b;
?>
```

运行 phpstudy，启动 Apache 成功。打开浏览器，在地址栏中输入"http://localhost/
5-5/test33.php"，运行效果如图 5-53 所示。

图 5-53　运行效果

5.5.3　构造函数

构造函数是对象创建后第一个被对象自动调用的函数，构造函数适合在使用对象
之前做一些初始化配置。构造函数可以接受参数，能够在创建对象时赋值给对象属性。
构造函数可以调用类方法或其他函数。

构造函数格式：

```
__construct( ){

}
```

【示例 5-34】构造函数。

代码保存在"D:\phpstudy_pro\WWW\5-5"文件夹下，文件名为"test34.php"。

```php
<?php
//创建"洗衣机"类
    class Xyj{
        public $name;
        public $pinpai = "小天鹅";
        function __construct($n,$sj){    //构造函数

            $this->name=$n;
            echo $this->quick($sj);
        }
        function quick($x){
            return $this->name.$x."分钟快洗";
        }
    };
//实例化洗衣机
    $xy=new Xyj("小红",8);
?>
```

175

运行 phpstudy，启动 Apache 成功。打开浏览器，在地址栏中输入"http://localhost/5-5/test34.php"，运行效果如图 5-54 所示。

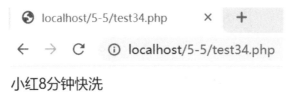

小红8分钟快洗

图 5-54　运行效果

5.5.4　面向对象的继承

PHP 面向对象的三大特点：封装、继承、多态。

继承：子类继承并拥有父类的属性和方法。使用关键字 extends 实现继承关系。语法格式如下：

```
class 子类 extends 父类{

}
```

【示例 5-35】继承。

代码保存在"D:\phpstudy_pro\WWW\5-5"文件夹下，文件名为"test35.php"

```php
<?php
//父类
    class Father{
        public $lf = '理发';
        function jf(){
            echo "剪发";
        }
        function rf(){
            echo "染发";
        }
    }
//子类继承
    class Son extends Father{
        public $tf='烫发';
        function ff(){
            echo "护理发";
```

```php
        }
    }
//实例化儿子
    $ez = new Son();
    echo $ez->lf;
    echo "<br>";
    $ez->jf();
    echo "<br>";
    echo $ez->tf;
    echo "<br>";
    $ez->ff();
?>
```

运行 phpstudy，启动 Apache 成功。打开浏览器，在地址栏中输入"http://localhost/5-5/test35.php"，运行效果如图 5-55 所示。

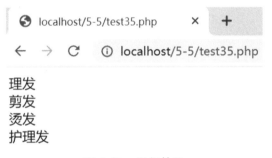

图 5-55　运行效果

5.5.5　面向对象的多态

多态：子类继承父类时，对父类方法可以继承，也可以进行重写，实现多种状态。重写即子类中的方法对父类中继承的方法进行替换。方法重写时，子类中创建与父类中相同的方法，包括方法名、参数和返回值类型。

【示例 5-36】多态。

代码保存在"D:\phpstudy_pro\WWW\5-5"文件夹下，文件名为"test36.php"。

```php
<?php
//父类
    class Father{
        public $lf = '理发';
        function jf(){
```

```
            echo "剪发";
        }

    }
//子类继承
    class Son1 extends Father{
        function jf(){
            echo "韩式剪发";
        }
    }
    class Son2 extends Father{
        function jf(){
            echo "日式剪发";
        }
    }
//实例化儿子
    $ez1 = new Son1();
    $ez1->jf();
    echo "<br>";
    $ez2 = new Son2();
    $ez2->jf();
?>
```

运行 phpstudy，启动 Apache 成功。打开浏览器，在地址栏中输入"http://localhost/
5-5/test36.php"，运行效果如图 5-56 所示。

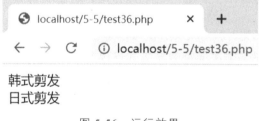

图 5-56　运行效果

5.5.6　面向对象的封装

封装即把成员属性和方法封装到类中，隐藏属性和方法。在属性和方法声明时，
使用关键字 public、protected 或者 private 开头，限定成员的访问权限，将类中成员分
为公共成员、保护成员和私有成员。

（1）public：公有类型，对所有用户公开，所有用户都可以直接进行调用。

在本节的前面，所有的变量都被声明为 public，而所有的方法在默认的状态下也是 public，所以类中变量和方法的调用可以在类外部执行。

（2）Protected：受保护类型，可以在本类和子类中调用和修改，其他地方不能调用。

【示例 5-37】受保护的变量。

代码保存在"D:\phpstudy_pro\WWW\5-5"文件夹下，文件名为"test37.php"

```php
<?php
class Dog{    //定义狗类
    protected $name="哈士奇";   //定义保护变量
}
class SmallDog extends Dog{    //定义小狗类继承狗类
    public function run(){        //定义 run 方法
        echo "调用父类中受保护的属性:".$this->name; //输出父类变量
    }
}
    $dog=new SmallDog();      //实例化对象
    $dog->run();                //调用 run 方法
    $dog->name;                //在本类和子类外面，访问保护变量出现错误
?>
```

运行 phpstudy，启动 Apache 成功。打开浏览器，在地址栏中输入"http://localhost/5-5/test36.php"，运行效果如图 5-57 所示。

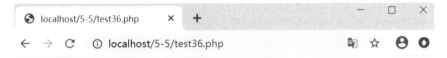

调用父类中受保护的属性:哈士奇
Fatal error: Uncaught Error: Cannot access protected property SmallDog::$name in D:\phpstudy_pro\WWW\5-5\test36.php:12 Stack trace: #0 {main} thrown in **D:\phpstudy_pro\WWW\5-5\test36.php** on line **12**

图 5-57　运行效果

（3）private：私有类型，只能在本类调用和修改，子类和外部对象不能调用。

【示例 5-38】私有变量。

代码保存在"D:\phpstudy_pro\WWW\5-5"文件夹下，文件名为"test38.php"。

```php
<?php
class Xs{
    private $name;   //定义私有变量
```

```
    public function setName($name){    //定义 setName()方法设置变量值
      $this->name=$name;
    }
    public function getName(){        //定义 getName()方法访问变量值
       return $this->name;
    }
}
$xs1=new Xs();              //实例化对象
$xs1->setname("小红"); //执行 setName()方法设置私有变量的值
echo $xs1->getname(); //执行 getName()方法输出变量的值
echo "<br>";
echo "错误操作私有变量";
echo $xs1->name;       //直接访问私有变量出现错误
?>
```

运行 phpstudy,启动 Apache 成功。打开浏览器,在地址栏中输入“http://localhost/
5-5/test37.php”,运行效果如图 5-58 所示。

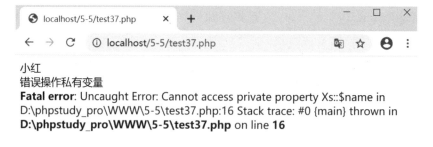

图 5-58   运行效果

5.5.7   “::”操作符

“::”操作符又叫范围解析符,用来对类属性和方法设定范围。操作符“::”有以下
三种使用方法:

1. 调用父类中成员变量、成员方法和常量

parent::变量名/常量名/成员方法

【示例 5-39】调用父类中成员方法。

代码保存在“D:\phpstudy_pro\WWW\5-5”文件夹下,文件名为“test93.php”。

```
<?php
// 【示例 5-39】调用父类中成员方法
```

```php
//父类
    class Father{
        public $lf = '理发';
        function jf(){
            echo "剪发";
        }

    }
//子类继承
    class Son extends Father{

        function jf(){
            parent::jf();
            echo "<br>";
            echo "韩式剪发";
        }
    }
//实例化儿子
    $ez = new Son();
    $ez->jf();
?>
```

运行 phpstudy，启动 Apache 成功。打开浏览器，在地址栏中输入 "http://localhost/5-5/test39.php"，运行效果如图 5-59 所示。

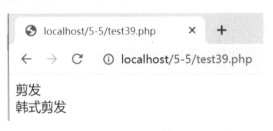

图 5-59　运行效果

2. 调用当前类中的静态属性/静态方法/常量

self::静态属性/静态方法/常量名

（1）静态属性。

通过 static 关键字修饰的成员属性称为静态属性。静态属性不属于任何一个对象，而只属于该类本身，当前类中不能使用 $this->调用静态属性，当前类中只能使用 self::调用静态属性。

【示例 5-40】调用静态属性。

代码保存在"D:\phpstudy_pro\WWW\5-5"文件夹下，文件名为"test40.php"。

```php
<?php
// 【示例 5-40】调用静态属性
class Car{
    static $a=100; //静态属性
    function run(){
        echo ++self::$a."<br>"; //调用静态属性
    }
}

$car1= new Car();
$car1->run();
$car1->run();

$car2= new Car();
$car2->run();
$car2->run();

?>
```

运行 phpstudy，启动 Apache 成功。打开浏览器，在地址栏中输入"http://localhost/5-5/test40.php"，运行效果如图 5-60 所示。

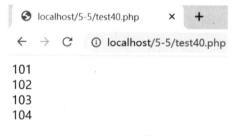

图 5-60　运行效果

（2）静态方法。

通过 static 关键字修饰的成员方法称为静态方法。静态方法不属任何对象。可以通过对象调用静态方法，也可以通过类调用静态方法。

【示例 5-41】通过对象调用类中的静态方法。

代码保存在"D:\phpstudy_pro\WWW\5-5"文件夹下，文件名为"test41.php"。

```php
<?php
class Car{
```

```php
    function turn(){
        self::run();
    }
    static function run(){
        echo "往前走";
    }
}

$car= new Car();
$car->run();
echo "<br>";
$car->turn();
?>
```

运行 phpstudy，启动 Apache 成功。打开浏览器，在地址栏中输入"http://localhost/5-5/test41.php"，运行效果如图 5-61 所示。

图 5-61　运行效果

3. 调用类的静态属性、静态方法和常量

类名::静态属性/静态方法/常量名

通过 static 关键字修饰的静态成员，不属于任何对象的限制，所以可以不通过类的实例化直接引用类中的静态方法。

【示例 5-42】不通过类的实例化，直接引用类中的静态方法。

代码保存在"D:\phpstudy_pro\WWW\5-5"文件夹下，文件名为"test42.php"。

```php
<?php
class Car{
    static function run(){
        echo "往前走";
    }
}
Car::run();//没有实例化对象，直接调用类中的静态方法
?>
```

运行 phpstudy，启动 Apache 成功。打开浏览器，在地址栏中输入"http://localhost/

5-5/test42.php"，运行效果如图 5-62 所示。

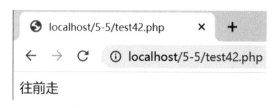

图 5-62　运行效果

5.5.8　抽象类和接口

1. 抽象类

抽象类是一种不能被实例化的类，只能作为其他类的父类使用。抽象类声明语法格式如下：

```
abstract  class   抽象类名称{
    成员变量;
abstract function  成员方法 1(参数);      //定义抽象方法
    abstract function  成员方法 2(参数);        //定义抽象方法
}
```

说明：

① 抽象类使用 abstract 关键字来声明。

② 抽象类与普通类相似，包含成员变量、成员方法。区别在于抽象类至少要包含一个抽象方法。

2. 抽象方法

没有方法体，子类必须重写父类中的抽象方法。抽象方法语法格式如下：

```
abstract function  抽象方法(参数);
```

说明：

① 抽象方法使用 abstract 关键字来声明。

② 抽象方法后面必须要有分号 ";"。

【示例 5-43】声明一个容器抽象类，该类中定义一个形状属性和用途抽象方法，分别声明杯子类和箱子类继承容器类，并重写用途方法，实例化杯子和箱子类，分别调用用途方法。实例化容器类，会报错。

代码保存在 "D:\phpstudy_pro\WWW\5-5" 文件夹下，文件名为 "test43.php"。

```php
<?php
abstract class Rongqi{    //抽象类
    public $xingzhuang;//形状
    abstract function yongtu();   //用途抽象方法
```

```
}

class Beizi extends Rongqi{
        function yongtu(){
                echo "装水";
        }
}

class Xiangzi extends Rongqi{
        function yongtu(){
                echo "装衣服";
        }
}

$bz = new Beizi();
$bz->yongtu();
echo "<br>";
$rq = new Rongqi();//会报错
?>
```

运行 phpstudy，启动 Apache 成功。打开浏览器，在地址栏中输入“http://localhost/5-5/test43.php”，运行效果如图 5-63 所示。

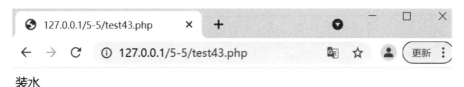

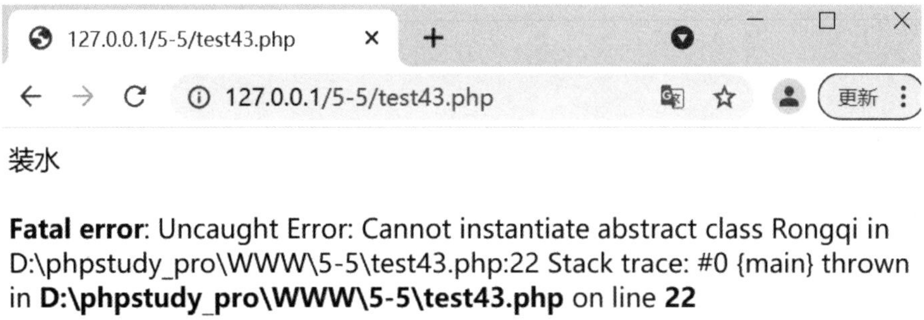

127.0.0.1/5-5/test43.php
127.0.0.1/5-5/test43.php
更新
装水
Fatal error: Uncaught Error: Cannot instantiate abstract class Rongqi in D:\phpstudy_pro\WWW\5-5\test43.php:22 Stack trace: #0 {main} thrown in D:\phpstudy_pro\WWW\5-5\test43.php on line 22

图 5-63　运行效果

3. 接　口

（1）通过 interface 关键字来声明接口：

接口中只能声明公有的方法，接口中声明的方法必须是抽象方法，接口中不能声明变量。只能用 const 关键字声明为常量的成员属性。

（2）类继承接口：

子类继承接口使用 implements 关键字。因为接口不能进行实例化的操作，所以要使用接口中的成员，就必须借助子类。

【示例5-44】定义一个Chazuo插座接口类，有插cha( )和拔ba( )2个抽象方法。定义电视类Dianshi和手机类Shouji继承Chazuo插座接口。

```php
//插座接口类
interface Chazuo{
    function cha();
    function ba();
}

//电视类继承插座接口
class Dianshi implements Chazuo{
    function cha(){
        echo "看电视";
    }
    function ba(){
        echo "退出电视";
    }
}

//手机类继承插座接口
class Shouji implements Chazuo{
    function cha(){
        echo "充电";
    }
    function ba(){
        echo "结束充电";
    }
}
$ds= new Dianshi();
echo "<br>";
$ds->cha();
$sj = new Shouji();
$sj->cha();
?>
```

5.6 ThinkPHP 6.0 框架

ThinkPHP 6.0 框架

5.6.1 ThinkPHP 6.0 框架基础

1. ThinkPHP 6.0

ThinkPHP 是一个快速、简单、免费开源的、面向对象的轻量级国产 PHP 开发框架，是为了 Web 应用开发而诞生的。用 ThinkPHP 开发项目，就像搭积木一样，非常方便，不用再重复造轮子，可以规范开发流程，降低开发难度，提高开发效率。目前 ThinkPHP 最新的版本是 6.0。

2. ThinkPHP 6.0 的安装

ThinkPHP6.0 版本要通过 Composer 方式安装和更新，PHP 运行环境需要 7.1.0 以上版本。Composer 是 PHP 用来管理组件依赖关系的工具。

本教程素材库中，shop 目录里已经安装好 ThinkPHP 6.0。在 5.1 节中，已经把 shop 目录所有内容复制到 D:/phpstudy_pro/www 文件夹下。shop 目录就是本教程的点餐小程序的项目目录。

3. ThinkPHP 6.0 架构模式

ThinkPHP6.0 支持传统的 MVC（Model-View-Controller）模式以及流行的 MVVM（Model-View-ViewModel）模式。下面重点介绍 MVC 架构模式。

Model 即模型：是请求中需要用到的数据。

View 即视图：负责将数据展示给用户。

Controller 即控制器：从模型中获取数据，再选择合适的视图进行输出。控制器把模型与视图强制分离，数据请求与展示由控制器统一调配。

4. ThinkPHP 6.0 目录结构

app 目录：是应用目录，保存用户正在开发的应用。该目录里主要有 controller 控制器目录、model 模型目录、common.php 公共函数文件。

config 目录：是整个框架的配置目录。该目录里的 database.php 文件，对数据库进行配置。

public 目录：Web 目录（对外访问目录）。该目录里的 index.php 文件是入口文件。

route 目录：是用户自定义的路由。

vendor 目录：是存放框架源码的位置。在 vendor/topthink/src/think 目录下存放的就是框架源码。

【示例 5-45】在 D:\phpstudy_pro\www\app\Controller\Test.php 里面定义接口函数 index，该函数的功能是打印 6 个 8，代码如下：

```php
<?php
namespace app\controller;    //命名空间
class Test{                //只能定义一个类，类名必须和文件名完全相同
    public function index(){   //定义 index 函数
        echo "888888";


    }
?>
```

运行 phpstudy，启动 Apache 成功。打开浏览器，输入地址 http://a.com/index.php/test/index，即可访问 index 方法，运行结果如图 5-64 所示。

图 5-64　运行结果

网址说明如图 5-65 所示。

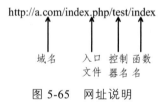

图 5-65　网址说明

a.com：为域名。

index.php：为入口文件，是整个 Web 应用的起点。

Test：为控制器名，即类名，类名必须与文件名的主文件名完全相同。

index：为操作方法名，即函数名。

5.6.2　ThinkPHP 6.0 请求

当浏览器向 Web 服务器发出请求时，它向服务器传递了数据，也就是请求信息。在 ThinkPHP 6.0 中，获取请求对象数据，是由 think\Request 类负责，通过 Request 对

象完成全局输入变量的检测、获取和安全过滤，支持$_GET、$_POST、$_REQUEST、$_SERVER、$_SESSION、$_COOKIE、$_ENV 等系统变量，以及文件上传信息。要使用请求对象必须使用门面方式（think\facade\Request 类负责）调用。

1. 获取当前域名

```
Request::domain();
```

【示例 5-46】在 D:\phpstudy_pro\www\shop\app\Controller\Test.php 里面定义接口函数 test1，代码如下：

```php
<?php
declare(strict_types=1);
namespace app\controller;
use think\facade\Request;    // 引入 Request 类
class Test{
public function test1(){
    echo '获取当前域名: '.Request::domain();



    }
}
```

运行 phpstudy，启动 Apache 成功。打开浏览器，在地址栏中输入"a.com/index.php/test/test1"，运行效果如图 5-66 所示。

图 5-66　运行效果

2. 获取部分变量

如果只需要获取当前请求的部分参数，采用 only 方法能够安全地获取需要的变量。

```
Request::only(['参数']);
```

示例：　只获取当前请求的 id 变量。

```
Request::only(['id']);
```

5.6.3　使用查询构造器操作数据库

查询构造器（query builder）提供方便、流畅的接口，可以有效地提高数据存取的代码清晰度和开发效率。

1. 查询数据

（1）单条数据查询 find。

如果查询结果不存在，则返回 null，否则返回结果为数组。

格式：

Db::name('表名')->field('字段名 1,字段名 2…')->where('字段名','查询表达式','查询条件')->find();

说明：

① Db::为数据库操作统一入口。

② name('表名')：用于定义要操作的数据表名称。

③ field('字段名 1,字段名 2…')：设置查询字段列表。

④ where('字段名','查询表达式','查询条件')：查询表达式为等于（=）时，可以省略等于（=）。

⑤ 在数据库配置文件 database.php 中，设置了数据库表前缀，在 PHP 代码中表名就可以不写前缀了。

【示例 5-47】在 D:\phpstudy_pro\www\shop\app\Controller\Test.php 文件里，定义接口函数 demo1，查询点餐小程序 shop 数据库 hr_goods 商品表中 id 为 1 的记录，只查看 id、title 和 price 字段并打印输出。商品表中数据如图 5-67 所示，代码如下：

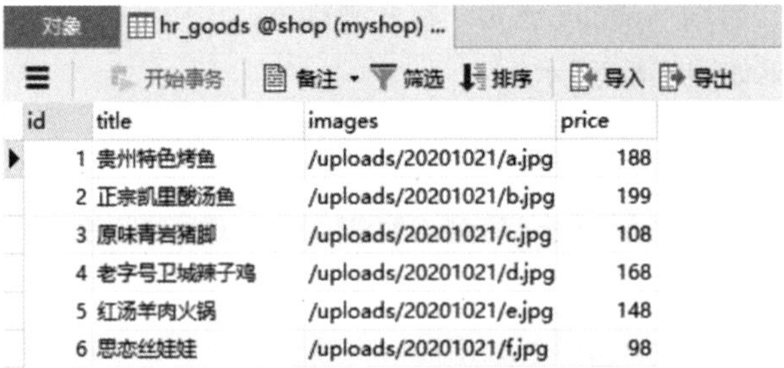

id	title	images	price
1	贵州特色烤鱼	/uploads/20201021/a.jpg	188
2	正宗凯里酸汤鱼	/uploads/20201021/b.jpg	199
3	原味青岩猪脚	/uploads/20201021/c.jpg	108
4	老字号卫城辣子鸡	/uploads/20201021/d.jpg	168
5	红汤羊肉火锅	/uploads/20201021/e.jpg	148
6	思恋丝娃娃	/uploads/20201021/f.jpg	98

图 5-67　hr_goods 商品表中数据

```
<?php
declare(strict_types=1);   // 声明严格模式，进行数据类型检验，默认是弱类型校验
namespace app\controller; //命名空间
use think\facade\Db;     // 要使用 Db 类必须使用门面方式( think\facade\Db )
class Test{
public function demo1(){

    $find =Db::name('goods')->field('id,title,price')->where('id',1)->find();
    print_r($find);
}
}
```

说明：

① 点餐小程序项目中，数据库配置文件 database.php 设置了数据库表前缀，因此，PHP 代码中的表名可以省略前缀。

② 5.5.3 节中所有示例的接口函数都定义在 D:\phpstudy_pro\www\shop\app\Controller\Test.php 文件里。

运行 phpstudy，启动 Apache 成功。打开浏览器，输入网址"a.com/index.php/test/demo1"，运行结果如图 5-68 所示。

图 5-68　运行结果

（2）多条数据查询 select。

select 方法查询结果是一个二维数组，如果结果不存在，则返回空数组。

格式：

Db::name('表名')->field('字段名 1,字段名 2…')->where('字段名','查询表达式','查询条件')->order ('字段 desc')->select();

降序排列方法：

order ('字段 desc')

升序排列方法：

order ('字段名　asc')

【示例 5-48】定义接口函数 demo2，查询点餐小程序 shop 数据库 hr_goods 商品表记录，按价格降序排列并打印输出。代码如下：

```php
<?php
declare(strict_types=1);
namespace app\controller;
use think\facade\Db;
class Test{
    public function demo2(){
    $res =Db::name('goods')->order('price desc')->select();
    print_r($res);
    }
}
```

运行 phpstudy，启动 Apache 成功。打开浏览器，输入网址"a.com/index.php/ test/demo2"，运行结果如图 5-69 所示。

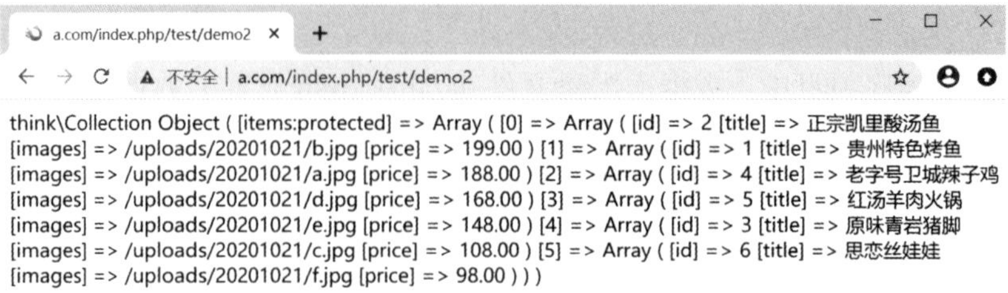

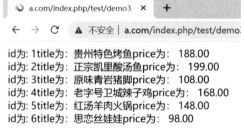

a.com/index.php/test/demo2
不安全 | a.com/index.php/test/demo2
think\Collection Object ([items:protected] => Array ([0] => Array ([id] => 2 [title] => 正宗凯里酸汤鱼
[images] => /uploads/20201021/b.jpg [price] => 199.00) [1] => Array ([id] => 1 [title] => 贵州特色烤鱼
[images] => /uploads/20201021/a.jpg [price] => 188.00) [2] => Array ([id] => 4 [title] => 老字号卫城辣子鸡
[images] => /uploads/20201021/d.jpg [price] => 168.00) [3] => Array ([id] => 5 [title] => 红汤羊肉火锅
[images] => /uploads/20201021/e.jpg [price] => 148.00) [4] => Array ([id] => 3 [title] => 原味青岩猪脚
[images] => /uploads/20201021/c.jpg [price] => 108.00) [5] => Array ([id] => 6 [title] => 思恋丝娃娃
[images] => /uploads/20201021/f.jpg [price] => 98.00)))

图 5-69　运行结果

① toArray()。

格式：

Db::name('表名')->field('字段名 1,字段名 2…')->where('字段名','查询表达式','查询条件')->order ('字段 desc')->select()->toArray();

select 方法查询结果是一个数据集对象，如果需要转换为数组可以使用 toArray()。

【示例 5-49】定义接口函数 demo3，查询点餐小程序 shop 数据库 hr_goods 商品表记录，把查询结果转换成数组，并用 foreach 循环遍历出来。代码如下：

```
<?php
declare(strict_types=1);
namespace app\controller;
use think\facade\Db;
class Test{
     public function demo3(){
      $res =Db::name('goods')->select()->toArray();
    foreach ($res as $key => $value) {
        echo 'id:'.$value['id'].'title'.$value['title'].'price:'.$value['price'];
        echo "<br>";
    }
      }
}
```

运行 phpstudy，启动 Apache 成功。打开浏览器，输入网址“a.com/index.php/test/demo3”，运行结果如图 5-70 所示。

a.com/index.php/test/demo3
不安全 | a.com/index.php/test/demo
id为: 1title为: 贵州特色烤鱼price为: 188.00
id为: 2title为: 正宗凯里酸汤鱼price为: 199.00
id为: 3title为: 原味青岩猪脚price为: 108.00
id为: 4title为: 老字号卫城辣子鸡price为: 168.00
id为: 5title为: 红汤羊肉火锅price为: 148.00
id为: 6title为: 思恋丝娃娃price为: 98.00

图 5-70　运行结果

② array_column()返回数组中某个单一列的值。

格式:

array_column(array,column_key,index_key);

式中,array 为必选项,表示要使用的多维数组(记录集);column_key 为必选项,表示需要返回值的列,可以是索引数组的列的整数索引,或者是关联数组的列的字符串键值;index_key 为必选项,用作返回数组的索引/键的列。

【示例 5-50】定义接口函数 demo4,查询点餐小程序 shop 数据库 hr_goods 商品表记录,把查询结果转换成数组,取出数组中 price 列,用"id"列作为键名。代码如下:

```php
<?php
declare(strict_types=1);
namespace app\controller;
use think\facade\Db;
class Test{
public function demo4(){
    $res =Db::name('goods')->select()->toArray();
    $title=array_column($res, 'title','id');
    dump($title);
    }
  }
?>
```

运行 phpstudy,启动 Apache 成功。打开浏览器,输入网址"a.com/index.php/ test/ demo4",运行结果如图 5-71 所示。

图 5-71 运行结果

2. 添加数据

(1)insert 方法:添加一条记录。

insert 方法添加数据成功会返回添加成功的条数,通常情况返回 1。

格式:

Db::name('表名')->insert($data);

注意:要先给$data 赋值。

【示例 5-51】定义接口函数 demo5，给点餐小程序 shop 数据库 hr_goods 商品表添加 1 条记录，添加成功后输出影响的记录数。代码如下：

```php
<?php
declare(strict_types=1);
namespace app\controller;
use think\facade\Db;
class Test{
    public function demo5(){
        $data = ['id'=>7, 'title' => '农家腊肉', 'images'=>'/uploads/20201021/g.jpg' ,'price' => '65'];
        $insert=Db::name('goods')->insert($data);
        echo '影响记录数'.$insert;
    }
}
```

运行 phpstudy，启动 Apache 成功。打开浏览器，输入网址"a.com/index.php/test/demo5"，运行结果如图 5-72 所示。

图 5-72　运行结果

（2）insertGetId 方法：新增数据并返回主键值。

格式：

Db::name('表名')->inserttGetId($data);

注意：要先给$data 赋值。

【示例 5-52】定义接口函数 demo6，给点餐小程序 shop 数据库 hr_goods 商品表添加 1 条记录，添加成功后输出影响新增记录的主键值。代码如下：

```php
<?php
declare(strict_types=1);
namespace app\controller;
use think\facade\Db;
class Test{
    public function demo6(){
        $data = ['id'=>8, 'title' => '凉粉', 'images'=>'/uploads/20201021/h.jpg' ,'price' => '25'];
```

```
        $insert = Db::name('goods')->insertGetId($data);
        print_r($insert);
    }
}
```

运行 phpstudy，启动 Apache 成功。打开浏览器，输入网址"a.com/index.php/test/demo6"，运行结果如图 5-73 所示。

图 5-73　运行结果

（3）insertAll 方法：添加多条数据，添加数据成功后返回添加成功的条数。

格式：

Db::name('表名')->insertAll ($data);

注意：要先给$data 赋值。

【示例 5-53】定义接口函数 demo7，给点餐小程序 shop 数据库 hr_goods 商品表添加 3 条记录，添加成功后输出影响的记录数。代码如下：

```
<?php
declare(strict_types=1);
namespace app\controller;
use think\facade\Db;
class Test{
public function demo7(){
    $data = [
    ['id'=>9, 'title' => '金沙狗肉', 'images'=>'/uploads/20201021/i.jpg' ,'price' => '235'],
    ['id'=>10, 'title' => '豆腐圆子', 'images'=>'/uploads/20201021/j.jpg' ,'price' => '15'],
    ['id'=>11, 'title' => '牛肉粉', 'images'=>'/uploads/20201021/k.jpg' ,'price' => '12'],
    ];
    $insert=Db::name('goods')->insertAll($data);
    echo '影响记录数'.$insert;
}}
```

运行 phpstudy，启动 Apache 成功。打开浏览器，输入网址"a.com/index.php/test/demo7"，运行结果如图 5-74 所示。

影响记录数3

图 5-74　运行结果

（4）save 方法：统一写入数据，自动判断是新增还是更新数据（以写入数据中是否存在主键数据为依据）。

格式：

Db::name('表名')->save($data);

注意：要先给$data 赋值。

3. 修改数据

update 方法返回影响数据的条数，如果没修改任何数据，则返回 0。

格式：

Db::name('表名')->where(条件)->update($data);

注意：要先给$data 赋值。

【示例 5-54】定义接口函数 demo8，把点餐小程序 shop 数据库 hr_goods 商品表中 id 为 10 的记录中的 price 值改为 20，修改成功后输出影响的记录数。代码如下：

```php
<?php
declare(strict_types=1);
namespace app\controller;
use think\facade\Db;
class Test{
public function demo8(){
  $data = ['price'=>20];
  $update=Db::name('goods')->where('id',10)->update($data);
  echo '影响记录数'.$update;


}
}
```

运行 phpstudy，启动 Apache 成功。打开浏览器，输入网址"a.com/index.php/test/demo8"，运行结果如图 5-75 所示。

影响记录数1

图 5-75　运行结果

4. 删除数据

delete 方法返回影响数据的条数，如果没有删除，则返回 0。

格式：

Db::name('表名')->where(条件)->delete();

【示例 5-55】定义接口函数 demo9，在点餐小程序 shop 数据库中 hr_goods 商品表中删除 price 字段小于 30 的记录，删除成功后输出影响的记录数。代码如下：

```php
<?php
declare(strict_types=1);
namespace app\controller;
use think\facade\Db;
class Test{
public function demo9(){
    $delete=Db::name('goods')->where('price','<',30)->delete();
     echo '影响记录数'.$delete;
}
}
```

运行 phpstudy，启动 Apache 成功。打开浏览器，输入网址"a.com/index.php/test/demo9"，运行结果如图 5-76 所示。

图 5-76　运行结果

5.6.4　ThinkPHP 6.0 模型

1. ThinkPHP 6.0 模型的基本概念

模型就是把传统的数据库进行面向对象的封装，数据库中每一个表对应一个模型类，类文件就是 PHP 文件，数据库表里的每一条记录对应一个模型对象，数据库表里每一个字段对应模型中的属性。可以用面向对象的方式，使用模型类来操作数据表。图 5-77 所示为一张简单的表对应模型。

2. TP6 模型类的创建

（1）创建一个与控制器平级的目录，目录名为 model。

（2）在 model 目录里创建模型类，模型类名必须与数据库同名，类名用驼峰法命名，见表 5-6。

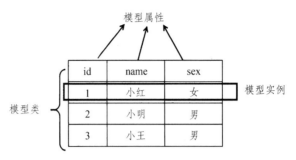

图 5-77　表对应模型

表 5-6　模型名与对应数据表

模型名	对应数据表（hr_是数据库的前缀）
Order	hr_order
OrderGoods	hr_order_goods

【示例 5-56】创建微信小程序中订单表模型类 Order。

```php
<?php
namespace app\model;
use think\Model;        //导入模型基类
class Order extends Model
{

}
```

【示例 5-57】创建微信小程序中订单商品表模型类 OrderGoods。

```php
<?php
namespace app\model;
use think\Model;        //导入模型基类
class OrderGoods extends Model
{

}
```

3. 模型关联

通过模型关联操作把数据表的关联关系对象化，避免在模型内部使用复杂的 join 查询和视图查询，以便更高效地操作数据。

常见的 3 种表与表的关系：hasOne、hasMany、belongsTo。

（1）hasOne：有一个，即 A 有一个 B。

格式：

```
hasOne('关联模型类名', '外键', '主键');
```

（2）hasMany：有很多，即 A 有很多 B。

格式：

hasMany('关联模型类名', '外键', '主键');

（3）belongsTo：属于，即 A 属于 B。

格式：

hasMany('关联模型类名');

关联模型（必选）：关联模型类名。

外键（可选）：默认的外键规则是当前模型名（不含命名空间，下同）+_id。

主键（可选）：当前模型主键，默认会自动获取，也可以指定传入。

格式：

hasMany('关联模型','外键','主键');

hasMany('关联模型','外键','主键');

以点餐小程序数据库中订单表 hr_order 和订单商品表 hr_order_goods 为例，每个订单表对应有多个订单商品，这就属于一对多关联（hasMany），每个订单商品都属于某个订单，这就是属于 blongsTo，订单商品模型的 order_id 和订单模型的 id 属性是两个模型关联的纽带和约束。

【示例 5-58】对上面示例的订单表模型类添加代码，完整代码如下：

```php
<?php
// model/Order.php
namespace app\model;
use think\facade\Request;
use think\Model;
class Order extends Model
{
    # 一对多关联
    public function goods()
    {
        // hasMany('关联模型','外键','主键');
        return $this->hasMany(OrderGoods::class);
    }
}
```

说明：数据库的所有查询构造器方法都可以在模型中使用。

【示例 5-59】对上面示例的订单商品表模型类添加代码，完整代码如下：

```php
<?php
// model/OrderGoods.php
namespace app\model;
```

```
use think\Model;
class OrderGoods extends Model
{
    # 定义相对的关联
    public function order()
    {
        // 使用 belongsTo 方法
        return $this->belongsTo(Order::class);
    }
}
```
说明：模型在控制器中调用。

【本章小结】

本章主要介绍了 PHP 开发环境搭建、编程基础、面向对象、ThinkPHP 6.0 数据库操作等内容，让读者掌握微信小程序后端开发必备的知识和技能。

【习题】

1. 搭建 PHP 开发环境。
2. 创建 PHP 二维数组，循环遍历数组。
3. 简述创建类和对象，访问类中成员的方法。
4. 利用 ThinkPHP 6.0 对数据库进行增、删、改、查操作。

第6章　点餐小程序服务端后台接口开发实战

本章将"手把手"带领读者，使用 ThinkPHP 6.0 框架制作微信小项目后端，创建点餐小程序的接口文件，以便熟练掌握 ThinkPHP 框架对数据库的操作。

【学习目标】

（1）了解后端数据库配置文件；

（2）了解后端公用方法的封装；

（3）熟悉菜单列表接口文件；

（4）熟悉购物车接口文件；

（5）熟悉模型文件；

（6）熟悉订单接口文件。

点餐小程序服务端后台
接口开发实战

6.1　Base.php 文件

1. Base.php 文件的功能

Base.php 文件定义全局数据和公用的方法。该文件代码框架如表 6-1 所示。

表 6-1　Base.php 文件代码框架

序号	代码块	说明
（1）	declare(strict_types=1); namespace app\controller; use app\common\controller\Controller;	声明严格模式 定义命名空间 使用类

（2）	class Base extends Controller{
	　　protected $imagePath;
	　　//__construct 函数
	　　//resultJson( )函数
	　　// resultSuccess( )函数
	　　// resultError( )函数
	
	}
		定义 Base 类
		定义图片根域名变量
		定义构造函数
		定义 resultJson 函数
		定义 resultSuccess 函数
		定义 resultError 函数

2. Base 类中定义的函数

在 Base 类中定义的成员函数代码如表 6-2 所示。

表 6-2　Base 类中定义的成员函数

序号	Base 类中定义的函数	函数功能
①	```php public function __construct(\think\App $app) { // 继承父类的构造函数: parent::__construct($app); // 获取域名 $this->imagePath = $this->request->domain(); } ```	把当前域名赋值给图片根域名变量
②	```php protected function resultJson($code = 200, $msg = '', $data = []) { $data = ['code' => $code, 'msg' => $msg, 'data' => $data]; return json($data); } ```	返回封装后的 json 数据
③	```php protected function resultSuccess($data = [], $msg = 'success') { return $this->resultJson(200, $msg, $data); } ```	返回操作成功的 json 数据
④	```php protected function resultError($msg = 'error', $data = []) { return $this->resultJson(400, $msg, $data); } ```	返回失败后的 json 数据

202

6.2 "菜单列表" Goods.php 文件

（1）Goods.php 文件代码框架如表 6-3 所示。

表 6-3 Goods.php 文件框架

序号	代码块	说明
（1）	declare(strict_types=1); namespace app\controller; use think\facade\Request; use app\controller\Base; use think\facade\Db;	声明严格模式 定义命名空间 使用类

（2）	class Goods extends Base
	{
	
	　　//goodsList 接口
	
	}
		定义 Goods 类
		
		定义 goodsList 接口函数

（2）goodsList 接口功能：加载菜单页面时，会发送网络请求给后台 goodsList 接口，goodsList 接口功能详情如表 6-4 所示。

表 6-4 goodsList 接口功能详情

接口函数	goodsList
接口函数功能	向前端返回 hr_goods 表中的商品信息
接口地址	http://a.com/index.php/goods/goodsList
输入方式	GET
输入数据	无
返回方式	Ajax/Json
返回数据	成功 {code:200,msg: "success",data:[商品信息数据]}

（3）goodsList 接口函数代码如下：

```php
public function goodsList()
    {
        # 获取商品列表
        $list = Db::name('goods')->order('id desc')->select()->toArray();

        # 遍历商品信息
```

```
foreach ($list as &$value) {
    # 获取封面图
    $value['cover'] = $this->imagePath . $value['images'];
    # 释放内存
    unset($value['images']);
}

# 返回获取结果
return $this->resultSuccess($list);
}
```

调试器中显示接口地址和返回给前端数据的图片，请到第 4 章中查看。

6.3 "购物车" Cart.php 文件

1. Cart.php 文件框架

Cart.php 文件框架如表 6-5 所示。

表 6-5　Goods.php 文件框架

序号	代码块	说明
①	declare(strict_types=1); namespace app\controller; use think\facade\Request; use app\controller\Base; use think\facade\Db;	声明严格模式 定义命名空间 使用类

②	class Cart extends Base
	{
	　　//add 接口
	　　//cartList 接口
	　　//syncNum 接口
	　　//syncDelete 接口
	}
		定义 Cart 类
		
		定义 add 接口函数
		定义 cartList 接口函数
		定义 syncNum 接口函数
		定义 syncDelete 接口函数

2. 在 Cart 类中定义的接口函数

（1）add 接口函数。

在菜单页中单击"加入购物车"时，会发送网络请求给后台 add 接口，add 接口功能详情如表 6-6 所示。

表 6-6　add 接口功能详情

接口函数	add
接口函数功能	把当前请求加入购物车的商品添加到后台 hr_cart 表
接口地址	http://a.com/index.php/cart/add
HTTP 请求方法	POST
发送数据	goods_id：当前请求加入购物车的商品 id
返回方式	Ajax/Json
返回数据	成功 {code: 200, msg: "加入购物车成功", data: []}

add 接口函数代码如下：

```
# 单击首页加入购物车
public function add()
{
    // 只获取当前请求的 goods_id 变量
    $param = Request::only(['goods_id']);
    // 判断参数是否为空
    if (empty($param['goods_id'])) return $this->resultError('参数错误');

    $data = [
        'goods_id' => $param['goods_id'],
        'num' => 1
    ];
    // 判断购物车是否已存在该商品
    $cart = Db::name('cart')->field('id')->where('goods_id', $param['goods_id'])
->find();
    # 因为是单规格商品，所以可以直接加入购物车，如已存在该商品则直
接变更数量

    if (!empty($cart)) {
        # 数量自增　步进值默认为 1
        $data = [
            'id' => $cart['id'],
            'num' => Db::raw('num+1')
        ];
    }
    # 使用 save 方法统一写入数据，自动判断是新增还是更新数据，更改数
据库表的值
```

```
$ret = Db::name('cart')->save($data);

return $ret ? $this->resultSuccess([], '加入购物车成功') : $this->resultError
```
('加入购物车失败');
```
        }
```

调试器中显示接口地址和返回给前端数据的图片，请到第 4 章中查看。

（2）cartList 接口函数。

打开购物车页面时，会发送网络请求给后台 cartList 接口，cartList 接口功能详情见表 6-7。

表 6-7　cartList 接口功能详情

接口函数	cartList
接口函数功能	返回购物车表 hr_card 中的商品信息
接口地址	http://a.com/index.php/cart/cartList
输入方式	GET
输入数据	无
返回方式	Ajax/Json
返回数据	成功 {code: 200, msg: "success",data:[购物车商品信息数据]}

cartList 接口代码如下：

```
public function cartList()
   {
       # 获取商品列表，JOIN 查询
       $list = Db::name('goods')->alias('g')
           ->join('cart c', 'g.id=c.goods_id')
           ->field('c.id, c.goods_id, c.num, g.title as goods_name, g.images,
g.price')

           ->order('c.id desc')
           ->select()
           ->toArray();

       # 遍历商品信息
       foreach ($list as &$value) {
           # 默认未选中
           $value['check'] = false;
           # 获取封面图，获取的域名与图片保存地址相结合，可以直接打开
```

图片(完整保存路径)

```
        $value['cover'] = $this->imagePath . $value['images'];
        # 释放内存
        unset($value['images']);
    }

    # 返回获取结果
    return $this->resultSuccess($list);
}
```

调试器中显示接口地址和返回给前端数据的图片，请到第 4 章中查看。

（3）syncNum 接口函数。

在购物车页面，单击加号或减号，会发送网络请求给后台 syncNum 接口，syncNum 接口功能详情如表 6-8 所示。

表 6-8　syncNum 功能详情

接口函数	syncNum
接口函数功能	在购物车中单击加号或者减号，后台数据库购物车 cart 表中的商品数量会与前端同步变化
接口地址	http://a.com/index.php/cart/syncNum
输入方式	POST
输入数据	cart_id: 购物车 id type: 如果单击加号，值为 inc。如果单击减号，值为 dec
返回方式	Ajax/Json
返回数据	成功 {code: 200, msg: "success", data: []}

syncNum 接口代码如下：

```
# 同步商品数量，即点击加减号
public function syncNum()
{
    $param = Request::only(['cart_id', 'type']);
    if (empty($param['cart_id'])) return $this->resultError('参数错误');

    $where = [
        ['id', '=', $param['cart_id']],
    ];
    # 增加
    if (empty($param['type']) || 'inc' == $param['type']) {
        $data = ['num' => Db::raw('num+1')];
```

```
    } else {
        $data = ['num' => Db::raw('num-1')];
        $where[] = ['num', '>', 1];
    }
    $ret = Db::name('cart')->where($where)->update($data);
    return $ret ? $this->resultSuccess() : $this->resultError();
}
```

调试器中显示接口地址和返回给前端数据的图片，请到第 4 章中查看。

（4）syncDelete 接口函数。

在"购物车"页面，选择商品，单击右下角的"删除"，会发送网络请求给后台接口 syncDelete，syncDelete 接口功能详情如表 6-9 所示。

表 6-9　syncDelete 接口功能详情

接口函数	syncDelete
接口函数功能	删除购物车中选中的商品
接口地址	http://a.com/index.php/cart/syncDelete
输入方式	POST
输入数据	cart_id: 购物车 id
返回方式	Ajax/Json
返回数据	成功 {code:200,msg: "success",data:[]}

syncDelete 接口代码如下：

```
# 同步删除
public function syncDelete()
{
    $param = Request::only(['cart_id']);
    if (empty($param['cart_id'])) return $this->resultError('参数错误');

    $ret = Db::name('cart')->where('id', 'in', $param['cart_id'])->delete();
    return $ret ? $this->resultSuccess() : $this->resultError();
}
```

调试器中显示接口地址和返回给前端数据的图片，请到第 4 章中查看。

6.4　模型文件

（1）创建与控制器平级的目录，目录名为 model。

（2）模型名必须与数据表相同。

模型会自动对应数据表，模型类的命名规则是除去表前缀的数据表名称，采用驼峰法命名，并且首字母大写。

点餐小程序中订单表 hr_order 和订单商品表 hr_order_goods 对应的模型类名如表6-10 所示。

表 6-10　模型名和表名对应

模型名	表名
Order	hr_order
OrderGoods	hr_order_goods

（3）在 model 目录中创建 Order.php 模型类文件，代码如下：

```php
<?php

// model/Order.php
namespace app\model;

use think\facade\Request;
use think\Model;
/**
 * 订单模型
 *
 * @Author ㄟ( ´ ▿ ` )Meng
 * @DateTime 2020-10-21 11:02:57
 */
class Order extends Model
{
    # 一对多关联
    public function goods()
    {
        // hasMany('关联模型','外键','主键');
        return $this->hasMany(OrderGoods::class);
    }

    /**
     * 订单列表
     *
```

```
     * @Author ๐( ´ ∪ ` ) Meng
     * @DateTime 2020-10-21 11:07:13
     * @param mixed $field 查询字段
     * @param array $where 查询条件
     * @return array
     */
    public static function getList($where = [])
    {
        $list = self::with(['goods'])
            ->visible([
                'goods' => ['goods_id', 'goods_name', 'goods_cover', 'goods_price',
'total_num', 'total_price']
            ]) // 显示需要的数据
            ->field('id, pay_price, create_time')
            ->where($where)
            ->order('id desc')
            ->select();

        return $list;
    }
}
```

（4）在 model 目录中创建 OrderGoods.php 模型类文件，代码如下：

```php
<?php
// model/OrderGoods.php
namespace app\model;

use think\Model;

/**
 * 订单商品模型
 *
 * @Author ๐( ´ ∪ ` ) Meng
 * @DateTime 2020-10-21 11:02:57
 */
class OrderGoods extends Model
{
    # 定义相对的关联
```

```
    public function order()
    {
        // 使用 belongsTo 方法
        return $this->belongsTo(Order::class);
    }
}
```

6.5 "订单" Order.php 文件

1. Order.php 文件框架

Order.php 文件框架如表 6-11 所示。

表 6-11   Order.php 文件框架

序号	代码块	说明
①	declare(strict_types=1); namespace app\controller; use think\facade\Request; use app\controller\Base; use app\model\Order as ModelOrder; use think\facade\Db;	声明严格模式 定义命名空间 使用类

②	class Order extends Base{
	　　//confirm 接口
	　　//submitOrder 接口
	　　//orderList 接口
	}
		定义 Order 类
		定义 confirm 接口函数
		定义 submitOrder 接口函数
		定义 orderList 接口函数

2. Order 类中的接口函数

（1）confirm 接口函数。

在"购物车"页面中勾选商品后，单击"结算"按钮，会跳转到"确认订单"页面，加载"确认订单"页面时，会发送网络请求给后台 confirm 接口，confirm 接口功能详情如表 6-12 所示。

表 6-12   confirm 接口功能详情

接口函数	confirm
接口函数功能	勾选购物车中的商品，确认订单
接口地址	http://a.com/index.php/order/confirm?cart_id= cart_id 的值由购物车 cart_id 值决定
输入方式	GET

接口函数	confirm
输入数据	cart_id: 购物车 id
返回方式	Ajax/Json
返回数据	成功 {code:200,msg: "success",data:{结算的商品数据信息和总金额}}

confirm 接口代码如下：

```php
# 确认订单（"购物车"页面中点击"结算"）
public function confirm()
{
    $param = Request::only(['cart_id']);
    if (empty($param['goods_id']) && empty($param['cart_id'])) return $this->resultError('参数错误');

    if (!empty($param['cart_id'])) {
        $result = Db::name('cart')->alias('c')
            ->join('goods g', 'g.id=c.goods_id')
            ->field('g.id, g.title, g.images, g.price, c.num')
            ->where('c.id', 'in', $param['cart_id'])
            ->order('c.id desc')
            ->select()
            ->toArray();
    }
    if (empty($result)) return $this->resultError('抱歉，没有找到您想要的东西');

    $price = 0; // 商品总价
    foreach ($result as &$value) {
        $price += $value['num'] * $value['price'];

        # 获取封面图
        $value['cover'] = $this->imagePath . $value['images'];
        # 释放内存
        unset($value['images']);
    }

    return $this->resultSuccess(['goods' => $result, 'total_price' => number_format($price, 2)]);
}
```

调试器中返回给前端数据的图片，请到第 4 章中查看。

（2）submitOrder 接口函数。

在"确认订单"页面中，单击"立即结算"按钮，会发送网络请求给后台 submitOrder 接口，submitOrder 接口功能详情如表 6-13 所示。

表 6-13 submitOrder 接口功能详情

接口函数	submitOrder
接口函数功能	把购物车中商品信息添加到订单表中
接口地址	http://a.com/index.php/order/submitOrder
输入方式	POST
输入数据	cart_id: 购物车 id goods: 购物车中每种商品的 id 和数量
返回方式	Ajax/Json
返回数据	成功 {code: 200, msg: "下单成功", data: {order_id: 订单号}}

submitOrder 接口函数代码如下：

```
# 提交订单确认订单点击"立即结算"按钮
public function submitOrder()
{
    $param = Request::only(['goods', 'cart_id']);
    if (empty($param['goods'])) return $this->resultError('参数错误');
    $orderData = [
        'pay_price' => 0,
        'create_time' => TIMES,
    ];
    # 处理订单商品    根据购物车商品的 id 查询商品信息
    $orderGoods = Db::name('goods')
        ->field('id goods_id, title goods_name, images, price goods_price')
        ->where('id', 'in', array_column($param['goods'], 'goods_id'))
        ->select()->toArray();

    // 获取每个商品的数量   [商品 id   => 商品数量]
    $num = array_column($param['goods'], 'num', 'goods_id');

    foreach ($orderGoods as &$value) {
        // 获取每个对应商品的数量
        $value['total_num'] = $num[$value['goods_id']] ?: 1;
```

```php
        $value['total_price'] = $value['total_num'] * $value['goods_price'];
        # 获取封面图
        $value['goods_cover'] = $this->imagePath . $value['images'];
        $value['create_time'] = TIMES;

        # 订单总额
        $orderData['pay_price'] += $value['total_price'];

        # 删除不需要的字段
        unset($value['images']);
    }
    unset($value);

    // 启动事务
    Db::startTrans();
    # 添加订单
    $orderId = Db::name('order')->insertGetId($orderData);
    if ($orderId) {
        # 为每个订单商品添加订单 ID
        foreach ($orderGoods as &$value) {
            $value['order_id'] = $orderId;
        }
        // 添加订单商品
        Db::name('order_goods')->insertAll($orderGoods);
        # 清空购物车
        if (!empty($param['cart_id'])) {
            Db::name('cart')->where('id', 'in', $param['cart_id'])->delete();
        }
        // 提交事务
        Db::commit();
        unset($orderData, $orderGoods, $num);
        return $this->resultSuccess(['order_id' => $orderId], '下单成功');
    }
    // 回滚事务
    Db::rollback();
    unset($orderData, $orderGoods, $num);
```

```
            return $this->resultError('下单失败');
    }
```

调试器中显示接口地址和返回给前端数据的图片，请到第 4 章中查看。

（3）orderList 接口函数。

打开订单页面，会发送网络请求给后台 orderList 接口，orderList 接口功能详情如表 6-14 所示。

表 6-14　orderList 接口功能详情

接口函数	orderList
接口函数功能	显示所有订单商品信息
接口地址	http://a.com/index.php/goods/goodsList
输入方式	GET
输入数据	无
返回方式	Ajax/Json
返回数据	成功 {code:200,msg: "success",data:[所有订单商品数据]}

orderList 接口函数代码如下：

```
public function orderList()
{
    # 使用模型一对多关联查询才用模型（一个订单可以对应多个商品）
    $list = ModelOrder::getList();

    # 返回结果
    return $this->resultSuccess($list);

}
```

调试器中显示接口地址和返回给前端数据的图片，请到第 4 章中查看。

【本章小结】

本章通过带领大家实践制作点餐小程序后端中所有的接口文件，让大家掌握微信小程序后端开发必备的知识和技能。

【习题】

1. 简述后端数据库配置文件。
2. 简述后端公用方法的封装。

第 7 章　微信小程序的发布

本章将讲解微信小程序开发的最后一个步骤——微信小程序的发布。

【学习目标】

（1）了解如何将 PHP 代码上传到云服务器；
（2）掌握微信小程序服务域名设置；
（3）能上传微信小程序。

微信小程序的发布

7.1　PHP 代码上传到云服务器

本教程点餐小程序的 PHP 代码是放在本地服务器（本地计算机），只能自己访问，其他人无法访问。需要把代码上传到云服务器，其他人才能通过指定的网址访问到点餐小程序的接口。

首先申请服务器域名，再申请云服务器，申请了云服务器后，就可以上传 PHP 代码和数据库。把 PHP 代码部署到云服务器，使用公网域名，所有人都可以访问小程序了。

7.2　微信小程序服务器域名设置

打开浏览器，输入网址"https://mp.weixin.qq.com"，打开微信公众平台官网，输入已经注册的账号和密码，单击"登录"，进入微信小程序的管理后台。

在左侧菜单中单击"开发"，接着单击"开发设置"。在小程序 ID 和 AppSecret 的下面有服务器域名设置，如图 7-1 所示，输入申请到的域名，小程序才能正常与服务器进行通信，否则将会出错。服务器域名保存成功之后，小程序就可以与服务器进行通信了。

7.3 上传微信小程序

打开微信开发者工具，打开点餐小程序，单击"上传"按钮，将微信小程序前端所有代码上传到小程序管理后台，如图7-2所示。

图 7-1 服务器域名设置

图 7-2 上传代码

上传完毕后，打开微信公众平台官网，输入已经注册的账号和密码，单击"登录"，进入微信小程序的管理后台。点击左侧菜单中的"开发管理"，在浏览器中将页面拉到底部，找到"开发版本"，此时就能显示刚才提交的小程序版本。点击右侧按钮"提交审核"，提交结束后，"审核版本"中显示"审核中"，耐心等待审核。审核通过后，单击"提交发布"，线上版本就会显示当前提交版本，小程序便发布了，此时在设置中下载小程序二维码进行扫描登录，或者使用名称搜索都可以使用该小程序。

【本章小结】

本章主要介绍了微信小程序的发布，包括将 PHP 代码上传到云服务器、微信小程序服务域名设置和上传微信小程序。

【习题】

尝试发布微信小程序。

参考文献

［1］黑马程序员. 微信小程序开发实战[M]. 北京：人民邮电出版社，2019.

［2］程文彬，李树强. PHP 程序设计慕课版[M]. 北京：人民邮电出版社，2016.

［3］黑马程序员.PHP 基础案例教程[M]. 北京：人民邮电出版社，2017.